CORINNA FRIELING

EFFEKTIVE Mikroorganismen

DAS PRAXISBUCH

*

Alle Ratschläge in diesem Buch wurden vom Autor und vom Verlag sorgfältig erwogen und geprüft. Eine Garantie kann dennoch nicht übernommen werden. Eine Haftung des Autors beziehungsweise des Verlags für jegliche Personen-, Sach- und Vermögensschäden ist daher ausgeschlossen.

Email: info@edition-lunerion.de
www.edition-lunerion.de

Psiana eCom UG
Berumer Str. 44
26844 Jemgum

Inhalt

Vorwort

Die Welt der Mikroorganismen bleibt uns Menschen in den meisten Fällen verborgen. Wir wissen zwar, dass es sie gibt, doch sie können leicht in Vergessenheit geraten, da sie für uns nicht sichtbar sind. Mikroorganismen sind viel bedeutsamer, als die meisten Menschen glauben. Sie besiedeln unsere Umwelt und unseren Körper und bilden unter anderem das Mikrobiom des Darms und der Haut. Mit der richtigen Zusammensetzung, also einem ausgeglichenen Team an Mikroben, geht es uns gut und wir sind gesund. Das Mikrobiom unterstützt den Menschen bei der Verteidigung gegenüber Krankheitserregern und fördert das Zersetzen von organischem Material. Geht es unserem Mikroben-Team nicht gut, weil ein Bakterienstamm vorherrscht, der negative Prozesse wie Fäulnis und Gärung in Gang setzt, spüren wir das körperlich. Speziell bei der Verdauung zeigt sich dies durch übelriechende Blähungen, Durchfall oder Verstopfung. In Studien wurde nachgewiesen, dass ein Ungleichgewicht das Risiko für Allergien und Darmerkrankungen erhöht. Wir sollten uns also darauf besinnen, die Mikroorganismen in unserem Körper und unserer Umwelt als Teil von uns zu sehen und sie zu pflegen. Hier kommen die Effektiven Mikroorganismen (kurz EM) ins Spiel. Das gesunde Gleichgewicht wiederherzustellen, ist ein langwieriger und komplexer Prozess. Die Anwendung von EM-Produkten führt zu einer Beschleunigung und Regeneration des jeweiligen Umfelds. Werden EM-Produkte zum Beispiel am Körper angewendet, heilen Hauterkrankungen schneller ab. Verwenden Sie EM, um einen Gartenteich zu sanieren, werden Sie höchstwahrscheinlich bereits nach wenigen Tagen Verbesserungen ausmachen können. Effektive Mikroorganismen fördern die Selbstheilungskräfte der Natur und des menschlichen Körpers. Mit diesem Ratgeber möchten wir Ihnen ein Fundament für die Zukunft an die Hand geben. Sie werden viel theoretisches Wissen erfahren sowie unzählige Anwendungstipps kennenlernen, die Sie gleich in die Praxis umsetzen können. Wir wünschen Ihnen viel Freude beim Lesen und Umsetzen!

Die Welt der Mikroorganismen unter der Lupe

Effektive Mikroorganismen – ein spannendes Thema, für das Sie sich entschieden haben. Wie sind Sie dazu gekommen und welche Erwartungen haben Sie an dieses Buch? Vielleicht haben Sie bereits von Effektiven Mikroorganismen (EM) gelesen oder einen Tipp von Bekannten bekommen. Vielleicht blühen die Blumen in Nachbars Garten aber auch länger und farbenfroher und er hat Ihnen endlich seinen Geheimtipp verraten. Wie dem auch sei, Sie möchten mehr über das Thema, die Hintergründe und die praktische Anwendung erfahren. All das und vieles mehr kann Ihnen dieser Ratgeber bieten. Das Beste an Effektiven Mikroorganismen ist die simple und vielseitige Anwendung. Sie können EM nicht nur im Garten nutzen, sondern auch zur Haushaltsreinigung, als Nahrungsergänzungsmittel und in Pflegeprodukten für sich entdecken. Wie es zu diesen vielfältigen Einsatzbereichen gekommen ist, erfahren Sie gleich zu Beginn. Sobald Sie das Prinzip und die Wirkweise verstanden haben, erklärt sich vieles von selbst. In den darauffolgenden Kapiteln werden die Vermehrung der EM erläutert und die Einsatzbereiche im Detail angeschaut. Ein Kapitel wird ausschließlich dem Bereich Gesundheit gewidmet. Aktuelle Studienergebnisse zeigen Ihnen das Potenzial auf, das in EM steckt. Ergänzend finden Sie Erfahrungsberichte anderer Nutzer, Experteninterviews und Ergebnisse von Fallstudien. Auf diese Weise können Sie sich leichter Ihr eigenes Urteil bilden. Ein Ausblick in die Zukunft soll veranschaulichen, was mit EM möglich ist und wohin die Reise gehen könnte. Um neben den theoretischen Inhalten und wissenschaftlichen Studien die praktische Anwendung nicht zu kurz kommen zu lassen, finden Sie in den einzelnen Kapiteln immer wieder Praxis-Tipps, ein komplettes Kapitel zur Anwendung von EM-Produkten im Alltag und ein Bonus-Kapitel mit 30 erprobten EM-Rezepten. Seien Sie kreativ und probieren Sie EM aus. Machen Sie Ihre eigenen Erfahrungen und berichten Sie gern darüber. Möglichkeiten zum Austausch bietet Ihnen zum Beispiel der Verein EM e. V. in Bremen.

Einführung in Effektive Mikroorganismen

Effektive Mikroorganismen – zwei Worte, die eine hohe Aussagekraft haben. Aber was genau können Sie darunter verstehen? In diesem Kapitel erfahren Sie, was Effektive Mikroorganismen sind und was der Unterschied zu anderen Kleinstlebewesen ist. Sie erhalten einen kurzen Einblick in die Entstehungsgeschichte und die Erkenntnisse, die der japanische Agrarwissenschaftler Teruo Higa während seiner Experimente seit den 1970er Jahren erlangte. In groben Zügen wird die Bedeutung von Mikroorganismen für die menschliche Gesundheit erläutert und ebenso, wie Effektive Mikroorganismen nach dem Dominanzprinzip von Teruo Higa wirken.

Was sind Effektive Mikroorganismen?

Mikroorganismen sind Kleinstlebewesen, die überall auf der Welt anzutreffen sind. Zu ihnen gehören beispielsweise Bakterien, Pilze und Algen. Sie existieren in der Luft, im Wasser oder in der Erde. Abhängig von der Art der Mikroorganismen können sie für uns Menschen, andere Lebewesen oder unsere Umwelt nützlich oder schädlich sein. Mikroben können nur durch ein Mikroskop sichtbar gemacht werden. Der Mensch kann sie mit seinen herkömmlichen Sinnen wie Riechen, Schmecken oder Fühlen nicht wahrnehmen. Mikroorganismen werden klassisch in krankmachend und nicht krankmachend unterschieden. Die Mehrheit dieser Kleinstlebewesen löst keine Krankheiten aus.

Effektive Mikroorganismen, kurz EM, sind eine Mischung aus verschiedenen Arten von Mikroorganismen, die sich positiv auf ihr Umfeld auswirken. Möglich ist dies durch die Verbindung von EM mit organischem Material. In den so in Gang gesetzten Stoffwechselprozessen bilden sie für Umwelt und Lebewesen nützliche Stoffe wie Vitamine, Antioxidantien oder organische Säuren. Zu den Effektiven Mikroorganismen gehören vor allem Milchsäurebakterien, beispielsweise Laktobazillen und Bifidobakterien, sowie Photosynthesebakterien und Hefen. Alle EM sind natürlichen Ursprungs und wurden nicht genverändert. Je nach Hersteller und Einsatzzweck unterscheidet sich die genaue Zusammensetzung der Mikrobenmischung.

Seit das Darmmikrobiom immer mehr im Interesse der Forschung liegt, wird klar, dass eine vielfältige Zusammensetzung der Bakterienstämme gut für unsere Gesundheit ist. Im Übrigen beherbergt jeder Mensch nicht nur ein, sondern viele verschiedene Mikrobiome. So befinden sich unter anderem in der Nase, der Lunge, auf der Haut und in den Geschlechtsorganen ganz spezielle Bakterienmischungen. Je nachdem, wo sie vorkommen, haben sie verschiedene Aufgaben. Auf der Haut unterstützen sie zum Beispiel die Immunabwehr. In der Lunge halten sie das Gewebe feucht. Durch unser Mikrobiom im Mund haben es Krankheitserreger schwerer, in den Körper zu gelangen. Wir profitieren dadurch sehr vom Teamwork unserer kleinen Mitbewohner. Wenn unsere Mikroorganismen ihrer Aufgabe nicht mehr gewachsen sind, werden wir krank. Was ein gesundes Mikrobiom ausmacht, können Forscher nicht eindeutig beantworten, da die Zusammensetzung individuell sehr verschieden ist und von den uns umgebenden Umweltbedingungen beeinflusst wird. In Bezug auf das Darmmikrobiom wissen Forschende bereits, dass eine hohe Vielfalt die eigene Gesundheit unterstützt. In einem Artikel der Pharmazeutischen Zeitung Online (Rößler 2023) erklärt Prof. Dr. Claudia Traidl-Hoffmann, Direktorin der Hochschulambulanz für Umweltmedizin Augsburg, dass Mikroorganismen im Darm beste Voraussetzungen haben, wenn wir uns pflanzenbasiert, abwechslungsreich und lokal ernähren. Im Bereich der Haut konnten Forscher feststellen, dass wenig diverse Mikrobiome eher durch krankmachende Bakterien verdrängt werden und so Neurodermitis auslösen können. An diesem Punkt setzt das Prinzip der Effektiven Mikroorganismen an.

Geschichte und Entwicklung

Entdecker der Effektiven Mikroorganismen ist der japanische Agrarwissenschaftler Teruo Higa. In den 1970er Jahren arbeitete er an der Universität Ryūkyū auf seiner Heimatinsel Okinawa, wo er sich mit modernen Anbaumethoden für Mandarinen beschäftigte. Die Landwirtschaft war zu dieser Zeit von hohem Einsatz an Pestiziden und Mineraldüngern gekennzeichnet, der ihn persönlich gesundheitlich beeinträchtigte. Daher forschte er nach weniger schädlichen Verfahren. Durch Zufall entdeckte er, wie kranke Wassermelonenpflanzen Triebe bildeten, als er sie mit anderen Küchenabfällen in einem Graben entsorgte. Diese Beobachtung brachte ihn auf den Gedanken, sich mit Mikroorganismen im Boden und der Umwelt auseinanderzusetzen. Er experimentierte mit einzelnen Bakterienstämmen, erzielte aber erst später einen Durchbruch, als ihm wieder ein Zufall zugutekam. Teruo Higa schüttete in der Regel die Bakterienstämme, die allesamt unbedenklich waren, aus seinem Laborfenster auf den Rasen. Mit der Zeit beobachtete er, dass das Gras an dieser Stelle grüner und dichter wuchs. Daraus schlussfolgerte er, dass die Vielfalt der Mikroorganismen und ihre Wechselwirkungen bedeutender sind als die einzelnen Bakterienstämme für sich.

Die folgenden Jahre richtete Teruo Higa seine Forschung auf diese Theorie aus und experimentierte mit vielen verschiedenen Mikroorganismen. Die größte Wirkung erzielte er mit einer Mischung aus 80 unterschiedlichen Stämmen, der er zum ersten Mal den Namen „Effektive Mikroorganismen“ gab. Die EM-1-Urlösung besteht inzwischen aus weniger Stämmen, da bei der kontinuierlichen Weiterentwicklung die Anzahl der Mikroorganismen reduziert und gleichzeitig die Wirksamkeit der Mischung beibehalten werden konnte.

Prof. Dr. Teruo Higa (geb. 28.12.1941 in der Präfektur Okinawa)

- Abschluss an der agrarwissenschaftlichen Fakultät der Universität von Ryūkyū
- Promotion an der landwirtschaftlichen Forschungsabteilung der Universität Kyūshū
- 1970 Dozentenstelle an der Ryūkyū-Universität
- Frühe 1970er Jahre: Beginn seiner Forschung an einzelnen Stämmen von Mikroorganismen
- 1972 außerordentliche Professur
- 1981 Entdeckung der Mikrobenmischung EM-1
- 1982 Übernahme der Professur für Gartenbau
- In den Folgejahren: Ausweitung der Forschung, Zusammenarbeit mit dem internationalen Forschungszentrum für Nature Farming (Sekai Kyusei Kyo)
- 1986 Erste Präsentation seiner Ergebnisse zu EM vor der Internationalen Vereinigung für Organische Landwirtschaft in Kalifornien
- Danach weiterführende Forschungen, weltweite Beratungstätigkeit zur Verbreitung seiner Erkenntnisse zu EM

Die Erfolge seiner EM-Lösung begründet Teruo Higa mit dem Dominanzprinzip (siehe Abbildung). Er unterteilt Mikroben in aufbauende, krankheits- und fäulniserregende sowie neutrale Mikroorganismen. Seiner Theorie zufolge bestimmt nur eine geringe Anzahl dieser Kleinstlebewesen, ob positive oder negative Prozesse vorherrschen. Die neutralen Mikroorganismen schließen sich der dominanteren, also der größeren der beiden Gruppen an. Durch die Anwendung der EM-1-Lösung kann das Kräfteverhältnis zugunsten der aufbauenden Bakterienstämme verändert werden. In dessen Folge profitiert das behandelte Areal nun von den fördernden Effekten der EM.

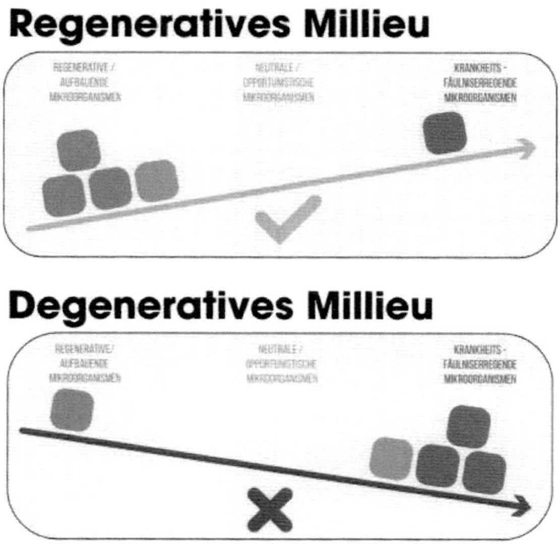

Bedeutung für die menschliche Gesundheit

Der Mensch besteht aus circa 30 Billionen Zellen. Genauso viele Mikroorganismen besiedeln unseren Körper innerlich und äußerlich. Wie bereits erwähnt, benötigen wir sie, um gesund zu bleiben. Dabei kommt es auf die richtige Mischung an, damit uns diese Kleinstlebewesen unter anderem bei der Abwehr gegen Krankheitserreger unterstützen oder vor Allergien schützen können.

Der Beginn des Lebens stellt den ersten Meilenstein hierfür dar. Ein Säugling kommt im Geburtskanal mit den Bakterien der Mutter in Kontakt. Der Zeitpunkt der Bakterienbesiedlung des Kindes wird in Gang gesetzt. Besteht im Mikrobiom der Mutter ein Ungleichgewicht, zum Beispiel durch Stress, Allergien oder Autoimmunerkrankungen, überträgt sich dieses ebenfalls auf das Neugeborene und kann die Entwicklung des Immunsystems hemmen. Die hohe Bedeutung eines vielfältigen Mikrobioms zeigt sich also schon im Säuglingsalter. Niers et al. (2009) beschäftigten sich in ihrer Studie mit der Wirkung von Probiotika zur Regulierung des Mikrobioms bei Schwangeren. Daraus geht hervor, dass die präventive Behandlung eines Krankheitsrisikos als Folge einer niedrigen Bakterienvielfalt oder einer Dysbalance im Säuglings- und Kleinkindalter Folgeerscheinungen reduzieren kann. Beispielhaft hierfür ist Neurodermitis bei Kindern. Neurodermitis, medizinisch als atopisches Ekzem bezeichnet, tritt häufiger auf, wenn das Mikrobiom der Haut weniger vielfältig ist. Der Krankheitserreger Staphylococcus aureus verdrängt aufbauende Bakterienstämme, sodass die Krankheit zum Ausbruch kommt. Sobald ein erhöhtes Neurodermitis-Risiko bei Neugeborenen erkannt wird, kann durch gute Hautpflege das Milieu verbessert und der Erreger eingedämmt werden. Folgeerscheinungen, wie Nahrungsmittelallergien, Heuschnupfen und Asthma, die bei Neurodermitis-Patienten häufiger auftreten, können verhindert werden.

Nicht nur als Säugling spielen Mikroorganismen eine wichtige Rolle. Im Verlauf der Kindheit und im Erwachsenenalter wird die Zusammensetzung unseres Mikrobioms von Umwelteinflüssen, unserer Ernährung und unserem Lebensstil beeinflusst – positiv wie auch negativ. Entsprechend dem Dominanzprinzip von Teruo Higa können Sie mit der Anwendung von EM in jedem Alter Ihre Gesundheit fördern. Schlappheit, häufige Erkältungen oder Verdauungsprobleme – viele Beschwerden lassen sich auf ein Ungleichgewicht der Darmflora zurückführen. EM machen in der Ernährung einen entscheidenden Unterschied. Sie entfalten ihre positive Wirkung im Darm und können dabei helfen, die Balance wiederherzustellen und krankheitserregende Bakterienstämme zu verdrängen. So können Sie einer Fehlbesiedlung des Darms aktiv entgegenwirken. Ein positiver Nebeneffekt einer Aufbaukur mit EM oder einer Darmsanierung ist die verbesserte Nährstoffaufnahme im Dünndarm. Eine Unterversorgung mit wichtigen Mineralien und Vitaminen lässt sich auf eine falsche Ernährung zurückführen. Durch den Mangel kann unser Körper nicht richtig arbeiten, was sich mit der Zeit in unspezifischen Symptomen wie anhaltender Erschöpfung, unreiner Haut und Unwohlsein äußert. Es besteht sogar der Verdacht, dass ein unausgeglichenes Mikrobiom die Psyche beeinflusst und zu depressiven Verstimmungen führen kann. Durch die regelmäßige Einnahme von EM werden förderliche Bakterienstämme gestärkt, die für die menschliche Nährstoffversorgung wichtig sind und somit das Risiko für Folgeerscheinungen senken. Auch unsere Immunabwehr ist eng mit unserem Darmmikrobiom verknüpft. Ein gesundes Mikrobiom ist wie eine zusätzliche Verteidigungslinie in unserem Körper. Es wehrt Krankheitserreger ab und trainiert unser Immunsystem für zukünftige Angriffe. Somit trägt es zur Stärkung des allgemeinen Gesundheitszustands bei.

Grundlagen der Anwendung

Dieses Kapitel schafft die Basis für eine sichere und zweckmäßige Nutzung der effektiven Mikroorganismen. Sie erfahren, wie Sie passende Produkte auswählen und wo Sie diese erwerben können. Anhand eines einfachen Rezepts wird die Vermehrung von EM-1 zu EMa erläutert. Mit einer kompakten Checkliste können Sie prüfen, an welcher Stelle des Prozesses Fehler auftauchen und wie Sie diese von vornherein beseitigen können. Abschließend erhalten Sie alle Informationen rund um die richtige Lagerung und Anwendung, um die maximale Wirksamkeit zu erzielen. In diesem und den folgenden Kapiteln werden häufiger Abkürzungen oder Produktnamen erwähnt, zu denen Sie noch keinen Bezug haben. Zum Nachschlagen steht Ihnen das Produktverzeichnis am Ende des Buchs zur Verfügung.

Auswahl und Beschaffung

Je nach Einsatzbereich gibt es bereits viele fertige Produkte, wie zum Beispiel in Form von Kosmetika oder Nahrungsergänzungsmitteln. Wenn Sie bei der EM-Anwendung nah am Ursprung bleiben möchten, versuchen Sie sich an der eigenständigen Herstellung der Lösungen. Mit EM-1 wird die Urlösung bezeichnet, also die Zusammensetzung an Mikroorganismen, die Teruo Higa lange erforscht hat und die die beste Wirkung erzielte. Die Urlösung ist ein Bodenhilfsstoff und in Deutschland nur als dieser zugelassen. EM-1 ist aber auch die Grundlage für die gesamte Bandbreite der EM-Technologie, also aller erhältlichen EM-Produkte. In der Urlösung sind die Bakterien und Hefen höher konzentriert als in Mischungen. Zudem befinden sie sich in einem inaktiven Zustand, weil ihnen der Sauerstoff entzogen wurde, den die Mikroorganismen für ihre Stoffwechselprozesse benötigen. Sie können die Urlösung direkt verwenden, um beispielsweise im Garten die Bodeneigenschaften zu verbessern. Durch Fermentationsprozesse lässt sich EM-1 auch zu EMa vermehren, worauf im nächsten Kapitel genauer eingegangen wird. EM-1, EMa, EM-X und EM-Fertigprodukte für viele Einsatzbereiche gibt es bei zahlreichen Online-Händlern zu kaufen. Teilweise vertreiben die Hersteller ihre Produkte auch selbst. Hersteller und Händler für hochwertige EM-Produkte finden Sie u. a. hier:

- EMIKO: **https://www.emiko.de/**
- DIMIKRO: **https://dimikro.de/**
- Fischer EM-Chiemgau: **https://shop.em-chiemgau.de/**
- EM-Kaufhaus: **https://www.em-kaufhaus.de/**
- MikroVeda: **https://www.mikroveda.de/**
- Greenist: **https://www.greenist.de/**

Die Auswahl eines geeigneten Produkts ist als Neuling nicht einfach. Überlegen Sie zunächst, welchen Einsatzzweck es haben soll, und lesen Sie sich die Produktangaben verschiedener Anbieter durch. Es gibt Produkte für den Garten- und Landwirtschaftsbereich, für den Haushalt, für die Tierhaltung und natürlich für die innere und äußere Anwendung am Menschen. EM-1 und EMa sind ausschließlich als Bodenhilfsstoff zugelassen und sollten auch nicht anderweitig angewendet werden. Bei Fertigprodukten finden Sie auch Artikel zur allgemeinen Anwendung in einem Einsatzbereich, zum Beispiel für alle Tierarten. Es gibt aber auch Waren, die für spezielle Tierarten wie Hunde oder Katzen konzipiert wurden. Je nach Einsatzzweck unterscheiden sich die genaue Zusammensetzung der Mikroorganismen, weitere Inhaltsstoffe und der Herstellungsprozess. Daraus resultieren unterschiedliche Qualitätsstufen des EM-Artikels und dessen Wirksamkeit. Sollten Ihnen persönlich noch weitere Kriterien beim Kauf wichtig sein, sind diese ebenfalls zu berücksichtigen und schränken die Auswahl ein. Beispiele dafür sind Produkte aus biologischem Anbau oder EM, die in Deutschland oder Europa hergestellt und vertrieben werden. Machen Sie sich vorab Gedanken dazu und notieren Sie diese. Bei Fragen und Unsicherheiten ist eine EM-Beratung hilfreich. Diese finden Sie über die Berater-Suche von EMIKO, einem der anderen Hersteller oder über eine einfache Internetsuche. Alternativ können Sie sich an den Verein EM e. V. wenden.

https://emev.de/

Wenn Sie sich unsicher sind, welche Qualität die Produkte anderer Hersteller haben, dann greifen Sie auf Originalprodukte zurück. Das oben bereits erwähnte Unternehmen EMIKO vertreibt ausschließlich Original-EM-Produkte von Prof. Dr. Higa. Haben Sie Lust am Experimentieren, dann testen Sie Urlösungen verschiedener Fabrikanten und vergleichen Sie die Resultate. Ihrer Neugierde sind keine Grenzen gesetzt und Ihre daraus resultierenden Erfahrungswerte sind hilfreich für Ihre Gesundheit.

Vermehrung und Kultivierung

Die Vermehrung von EM bzw. die Herstellung von EMa aus EM-1 ist relativ simpel, wenn Sie auf einige Kriterien achten. Auch wenn Sie die Urlösung EM-1 an sich verwenden können, ist es sinnvoll, daraus EMa herzustellen. Durch Fermentationsprozesse können Sie aus 1 Liter EM-1 in der Regel bis zu 30 Liter EMa erzeugen. Dafür benötigen Sie einen Fermentationsbehälter und folgende Zutaten:

Mischungsverhältnis der Zutaten	Beispiel für 10 Liter EMa
94 % Wasser	9,4 l Wasser
3 % Zuckerrohrmelasse	300 ml Zuckerrohrmelasse
3 % EM-1	300 ml EM-1

Und so geht's:

Befüllen Sie den Fermentationsbehälter zur Hälfte mit heißem Wasser. Lösen Sie die Zuckerrohrmelasse darin auf. Füllen Sie den Behälter nun mit kaltem Wasser auf und achten Sie auf eine gute Durchmischung. Fügen Sie langsam das EM-1 unter Rühren hinzu. Das Wasser sollte nicht wärmer als 38,5 °C sein. Befüllen Sie den Fermenter (Bioreaktor; besteht meist aus Kunststoff, vereinzelt auch aus Glas oder Edelstahl) bis zum Rand. Verschließen Sie den Behälter luftdicht. Die Mikroorganismen benötigen in den nächsten sieben bis zehn Tagen eine konstante Wärme von 30 bis 38,5 °C. Stellen Sie den Fermenter also an einen gleichmäßig warmen Ort. Zusätzlich können Sie ihn in eine Decke einwickeln. Während der Gärung kontrollieren Sie täglich, ob der Fermenter sich aufbläht. Um das zu verhindern, verwenden Sie einen speziellen EM-Fermenter. Dieser verfügt über einen Tauchwärmer und einen Gärspund. Der Tauchwärmer hält den Inhalt gleichbleibend warm und durch den Gärspund entweichen entstandene Gase. Der Gärprozess ist abgeschlossen, wenn die Flüssigkeit einen pH-Wert von circa 3,5 hat. Ein pH-Wert zwischen 3,2 und 4,0 ist hier durchaus akzeptabel. Ist der pH-Wert zu hoch, äußert sich das durch einen muffigen, unangenehmen Geruch. Wenn Sie unsicher sind, können Sie sich bei einer Apotheke Ihrer Wahl oder online pH-Teststreifen kaufen.
Der erste Versuch war erfolgreich? Glückwunsch! Die EMa können Sie nun in kleinere Behälter abfüllen und luftdicht verschließen.

Hinweise zur Lagerung und Anwendung finden Sie in den nächsten Kapiteln.

Ist der erste Versuch fehlgeschlagen, lassen Sie sich nicht entmutigen. Prüfen Sie, ob eine der folgenden Ursachen Grund dafür sein könnte:

- **Wasserqualität**: Welches Wasser haben Sie verwendet? Im Normalfall ist Leitungswasser ausreichend. Es sollte chlorfrei sein. Wenn Sie unsicher sind, können Sie es offen stehen lassen, damit das Chlorgas entweichen kann. Alternativ können Sie EM-Keramik-Pipes zur Verbesserung der Wasserqualität verwenden.
- **Melasse**: Die Zuckerrohrmelasse ist der Nährstoff für Ihre EM. Ohne diese können sie sich nicht gut vermehren. Wenn Sie Melasse aus anderen Pflanzen verwendet haben, könnte es dadurch zu einer Unterversorgung gekommen sein. Trotz einiger Versuche mit anderen Nährstoffquellen konnten EMa bislang nur unter Zugabe von Reismelasse und Zuckerrohrmelasse hergestellt werden.
- **EM-1**: Haben Sie die Urlösung neu gekauft oder stand sie schon eine Weile im Schrank? Wenn sie älter als 12 Monate ist oder die Flasche schon offen war, kann sich die Zusammensetzung der Mikroorganismen verändern.
- **Standort**: War der Ort für den Behälter gut gewählt? Der Standort sollte nicht direkt der Sonneneinstrahlung ausgesetzt, sondern ruhig und frei von starken elektrischen Schwingungen sein.
- **Rezept und Verfahren**: Zu einer fehlerhaften Herstellung kann es ebenfalls kommen, wenn die Rezeptur nicht eingehalten wurde. Das betrifft vor allem die Menge an EM-1 und Melasse. Weiterhin sollten Sie auf eine sorgfältige Umsetzung aller Schritte achten: Zum Beispiel sollte sich die Melasse vollständig im Wasser auflösen und der Fermenter sollte vollständig gefüllt sein.
- **Fermentationsbehälter**: Ist der Fermenter intakt? Ist er luftdicht? Kann durch den Deckel oder kleine Risse im Material Luft eindringen, wirkt sich das negativ auf den Gärprozess aus. Prüfen können Sie dies, indem Sie den leeren verschlossenen Behälter in der Badewanne unter Wasser halten und beobachten, ob Luftblasen aufsteigen. Funktioniert der Heizstab bzw. Tauchwärmer richtig? Überprüfen Sie die Temperatur in der Flüssigkeit mehrfach nach.
- **Hygiene**: War der Behälter sauber? Wurde der Fermenter nicht ausreichend gründlich gereinigt, kommt es zu Verunreinigungen, die die Herstellung von EMa scheitern lassen. Nach jeder Fermentation sollte der Behälter mit heißem Wasser gründlich gesäubert werden. Benutzen Sie hierfür keine chemischen Reiniger, sondern ausschließlich in heißem Wasser verdünnte Essigessenz oder Zitronensäure. Können Reste nicht gelöst werden, tauschen Sie den Fermenter aus.

Wenn Ihnen die Herstellung von EMa zu Hause zu aufwendig ist, können Sie dieses bereits fertig vom Hersteller kaufen. Wenn es mit Zuckerrohrmelasse hergestellt wurde, ist es braun. Wurde Reismelasse verwendet, ist es hell und wird häufig als EM-blond oder EM-klar bezeichnet.

Die richtige Lagerung

EM können bei Zimmertemperatur gelagert werden, wenn diese nicht mehr als 18 °C beträgt. Die Aufbewahrung im Kühlschrank ist nicht sinnvoll, da Temperaturen unter 8 °C von den Herstellern nicht empfohlen werden und die Qualität des Produkts vorzeitig negativ beeinflussen können. Wichtig ist, Temperaturschwankungen zu vermeiden. Gleiches gilt für elektrische Störquellen und direkte Sonneneinstrahlung. Wie beim Fermentationsprozess stellen diese in direkter Nachbarschaft auch bei der Lagerung keine gute Alternative dar.

Die Haltbarkeit von EM ist unterschiedlich. Die Urlösung, die sie fertig im Handel kaufen, ist ungeöffnet – je nach Hersteller – bei korrekter Lagerung ein bis zwei Jahre haltbar. Sobald die Flasche mit EM-1 geöffnet wurde und die Mikroorganismen mit Sauerstoff in Kontakt kommen, reduziert sich die Haltbarkeit auf sechs Monate. EMa, die Sie selbst hergestellt haben, sind circa zwei bis drei Monate haltbar. In dieser Zeit sollten Sie es verbrauchen. Daher ist es ratsam, nur Mengen herzustellen, die Sie in dieser Zeit verbrauchen können. Je nach Einsatzbereich werden die EMa mehr oder weniger mit Wasser verdünnt. Diese Verdünnung zum fertigen Gebrauch ist circa zwei bis drei Tage haltbar. Es ist ratsam, nicht die gesamte Menge an EMa in den verbrauchsfertigen Zustand zu verdünnen, sondern immer nur kleine Mengen. Wenn Sie das Haltbarkeitsdatum überschritten haben, muss eine Lösung nicht zwangsläufig schlecht sein. Allerdings verändert sich danach die Zusammensetzung der Mikroorganismen, sodass die ursprüngliche Wirkung geringer ausfällt oder vielleicht ganz ausbleibt.

ⓘ

Die wichtigsten Tipps zur Lagerung von EM:

- gleichbleibende Temperatur zwischen 8 und 18 °C
- keine direkte Sonneneinstrahlung oder elektrische Störquellen
- Flaschen vor dem Abfüllen mit heißem Wasser reinigen
- kleine Mengen EMa bzw. der verbrauchsfertigen Lösung herstellen
- nach Gebrauch vor dem Verschließen die Luft aus der Flasche entweichen lassen

Außerdem empfiehlt sich ein kleines Geruchsexperiment – besonders für Neulinge, die den Geruch von haltbaren EM und EMa unangenehm finden und daran zweifeln, ob es noch wirksam ist.

Das Experiment: Lernen Sie EM mit der Nase kennen. Dafür füllen Sie eine kleine Menge EMa in ein kleines Behältnis ab. Riechen Sie jeden Tag daran und notieren Sie Ihre Gedanken dazu. Der milchsaure Geruch wird von jedem individuell unterschiedlich wahrgenommen. Der eine assoziiert ihn mit Sauerkrautsaft, der andere mit Jauche. Je länger die Lösung mit Sauerstoff in Kontakt ist, umso mehr verändert sich die ursprüngliche Mischung der EM. Die Hefen in der Lösung vermehren sich schnell und bilden an der Oberfläche einen weißen Belag. Mit jedem Tag wird der Geruch unangenehmer, bis er zum Schluss beißend ist. Wenn Sie genug Erfahrungen in diesem Bereich gesammelt haben, können Sie später schon beim Öffnen der Flasche einschätzen, in welchem Stadium sich Ihre EMa befinden.

Sicherheitsaspekte bei der Anwendung

Grundsätzlich verweisen die Hersteller von EM-Produkten darauf, dass effektive Mikroorganismen nicht schädlich und für Menschen und Tiere unbedenklich sind. Sie sind zudem für Kinder und Allergiker ungefährlich, können von Vegetariern und Veganern angewendet werden und es verbleiben danach keine schädigenden Rückstände im Körper oder der Umwelt. Selbst die Urlösung oder EMa, die in Deutschland nur als Bodenhilfsstoff zugelassen ist, kann verdünnt ohne Bedenken getrunken werden. Das ist allerdings nicht zweckmäßig, denn der menschliche Organismus benötigt andere Bakterienstämme wie die, die in EM-1 und EMa vorhanden sind. Grund dafür ist, dass die Zusammensetzung der Mikroorganismen für Gartenbau und Landwirtschaft konzipiert wurde und diese nur dort ihre Wirkung entfalten können.

Das interuniversitäre Forschungszentrum für Technik, Arbeit und Kultur in Graz veröffentlichte 2009 einen Bericht, der sich mit EM und EM-ähnlichen Reinigungsmitteln beschäftigte. Bei der Analyse der Produktdatenblätter wurde festgestellt, dass die eingesetzten Mikroorganismen der Risikogruppe 1 für biologische Arbeitsstoffe zugeordnet wurden. Bei Stoffen der Risikogruppe 1 besteht keine Infektionsgefährdung. Hierzu gehören unter anderem Bäcker- und Bierhefe, Bakterienstämme für Laborzwecke sowie viele Schimmelpilzarten. Die im Bericht beschriebenen ökologischen und gesundheitlichen Risiken beziehen sich auf weitere chemische Inhaltsstoffe in den Reinigern, auch wenn diese mengenmäßig viel geringer eingesetzt werden als bei herkömmlichen Allzweckreinigern. Insbesondere bei Reinigern, die auf Oberflächen versprüht werden, besteht ein erhöhtes Risiko durch Aerosolbildung, da chemische Inhaltsstoffe eingeatmet werden.

Unabhängig davon gibt es ein paar Tipps für die richtige Anwendung von EM. Wenn Sie diese beachten, entfalten die effektiven Mikroorganismen ihre volle Wirksamkeit.

- **Saure Umgebung**: Die EM mögen ein saures Milieu, dann arbeiten sie am besten und fühlen sich wohl. Achten Sie vor dem Einsatz darauf und testen Sie bei Bedarf vorab den pH-Wert. Der Einsatzbereich sollte nicht basisch, maximal neutral sein.

• **Korrekte Verdünnung**: Zu viel oder zu wenig ausgebrachte Lösung verringert die Wirksamkeit. Im Gartenbereich kann eine unverdünnte Verwendung Pflanzenteile schädigen.

• **Zusätzliche Inhaltsstoffe:** Wenn Sie selbst EM-Produkte anmischen, achten Sie auf die hinzugegebenen Inhaltsstoffe. Wirken diese, wie beispielsweise Honig, antibakteriell, ist das kontraproduktiv, denn die EM werden dadurch bedroht.

• **Regelmäßig Füttern**: EM sind Kleinstlebewesen. Das bedeutet, dass sie ebenso wie wir Nahrung benötigen. Wenn Sie EMa im Garten einsetzen wollen und versäumen, dem Boden organisches Material hinzuzufügen, sind die Nährstoffe in der Gartenerde irgendwann erschöpft und Ihre EM verkümmern.

• **Art und Weise der Anwendung**: Wenden Sie die EM regelmäßig an, um die optimale Mikrobenmischung im Einsatzbereich zu fördern. Durch Sprühen können Sie eine größere Fläche behandeln als beim Gießen. Ein Großteil der Mikroorganismen in der EM-Mischung benötigt für die Stoffwechselprozesse kein Licht. Daher sind sie wirksamer bei niedrigem Sonnenstand – am Nachmittag und Abend oder bei bedecktem Himmel.

Das Einhalten gewisser hygienischer Grundregeln sichert den Erfolg mit EM. Wie im Kapitel zur Vermehrung und Kultivierung erwähnt, können Verunreinigungen zu qualitativ minderwertigen EMa führen. Achten Sie daher immer darauf, dass alle Gegenstände und Oberflächen, die vor der Anwendung von EM mit diesen in Kontakt treten, sauber sind.

Anwendungsbereiche im Alltag

In diesem Kapitel gehen wir nun mehr in die Tiefe. In den einzelnen Abschnitten erfahren Sie, warum und bei welcher Anwendung Effektive Mikroorganismen besonders hilfreich sind. Basiswissen in den Bereichen Ernährung, Körperpflege, Haushaltsreinigung, Raumklima und Garten vervollständigen Ihr Verständnis für die Wirkweise von EM. Für jeden Einsatzbereich bekommen Sie eine simple und leicht anzuwendende Handlungsanleitung, damit die Umsetzung von EM im Alltag einfach integriert werden kann und problemlos funktioniert. Lassen Sie sich überraschen!

ERNÄHRUNG

Laut einer Veröffentlichung aus dem Jahre 2023 von Prof. Dr. Elisabeth Eugster, Berner Fachhochschule für Agrar-, Forst- und Lebensmittelwissenschaften, stehen fermentierte Lebensmittel bereits seit 14.000 Jahren auf dem menschlichen Speiseplan. Hintergrund war vorrangig die Haltbarmachung verderblicher Nahrungsmittel. Fermentierte Lebensmittel werden als Lebensmittel definiert, die durch enzymatische Umwandlung ihrer Bestandteile und durch gezieltes mikrobielles Wachstum hergestellt werden. Auf Basis dieser Definition wird angenommen, dass ein Drittel aller Nahrungsmittel in der Vergangenheit fermentiert wurde. In der Wissenschaft werden zwei Kategorien zur Unterteilung genutzt:

- Kategorie 1: Lebensmittel mit lebenden Mikroorganismen wie
  - Joghurt, Quark, Kefir, Käse, Butter, Tempeh, Miso, Kombucha, Salami oder fermentierter Fisch

- Kategorie 2: Lebensmittel mit inaktiven Mikroorganismen wie
  - Brot, Sauerteigbrot, Bier, Wein, Kaffee, Schokolade und Sojasauce

Probiotische Nahrungsmittel sind eine Sonderform der ersten Kategorie. Die Bezeichnung „probiotisch“ darf von Herstellern nur verwendet werden, wenn in dem Produkt lebende Mikroorganismen enthalten sind. Die Anzahl der Mikroben muss hoch genug sein, damit sie im Darm wirken können. Zudem muss ein positiver Effekt auf die Gesundheit der Anwender nachgewiesen sein. Allgemein wird fermentierten Speisen eine positive Gesundheitswirkung nachgesagt. In Studien konnten nur eingegrenzte Effekte nachgewiesen werden, wie bei Joghurt und ähnlichen Milchprodukten, die durch Milchsäurebakterien fermentiert wurden. Während des Gärprozesses bauen die Bakterien Laktose ab, was dazu führt, dass laktoseintolerante Menschen diese besser verdauen können (Walther et al. 2019; Sieber et al. 1997). Zu anderen

Lebensmitteln konnten keine einheitlichen Aussagen gemacht werden, was daher keine Empfehlung zulässt.

Laut den Herstellern können Effektive Mikroorganismen die Darmflora positiv beeinflussen. Ursache vieler Verdauungsbeschwerden ist eine ungesunde Ernährung- und Lebensweise und dadurch die Besiedlung des Darms mit krankmachenden Mikroorganismen. Um eine Fehlbesiedlung zu beseitigen, reicht es allerdings nicht aus, EM einzunehmen und wie zuvor weiterzumachen. Die EM benötigen eine gute Ausgangslage, um wirksam zu werden. Daher ist eine Reinigung durch Fasten oder Einläufe sinnvoll. Während dieser Zeit können Sie sich Gedanken über eine Ernährungsumstellung machen. Essen Sie wenig verarbeitete Lebensmittel und viel regionales Obst und Gemüse. Alkohol, Zigaretten, Arzneimittel und andauernder Stress können das Mikrobiom ebenfalls schädigen. Klären Sie daher die weitere Einnahme von Medikamenten mit dem Arzt Ihres Vertrauens. Tägliche Bewegung und gezielte Entspannungsübungen hingegen halten Körper und Geist gesund. Wenn Sie das Fasten beendet haben, beginnen Sie langsam mit dem Aufbau Ihres Speiseplans und der Einnahme der EM – am besten in Form von Probiotika. Dies kann in Form von selbst fermentierten Nahrungsmitteln und Getränken geschehen oder als EM-Nahrungsergänzungsmittel. Der Vorteil von Probiotika ist, dass sie die Abwehrfunktion des Darms gegen Krankheitserreger unterstützen können.

> ⓘ
>
> **Tipp**: Gleich mit dem Fermentieren beginnen.

Fermentierte Äpfel

Zutaten	Zubereitung
2 bis 3 reife Äpfel	Für dieses einfache Rezept stellen Sie ein großes Glas mit ausreichendem Volumen bereit und spülen es gründlich mit heißem Wasser aus. Halbieren Sie dann die Äpfel und schneiden Sie das Kerngehäuse heraus. Die Apfelstücke können Sie entweder raspeln oder mit dem Spiralschneider schneiden, befüllen Sie dann das Glas damit. Bei Bedarf geben Sie gern noch ein paar Gewürze oder Kräuter (z. B. Zimt, Nelken, Kardamom, Ingwer oder Muskatnuss) hinzu. In einer Schüssel vermischen Sie das Wasser mit dem Salz und dem Zucker, bis sich alles vollständig aufgelöst hat. Die Lake geben Sie danach in das Fermentglas, bis noch 3 Finger Platz bis zum Glasrand sind. Verschließen Sie das Glas sorgfältig und belassen Sie es an einem kühlen dunklen Ort. Die Fermentation dauert zwischen 2 und 4 Wochen, je nach gewünschter Geschmacksintensität. Fermentierte Äpfel eignen sich gut als Topping zu süßen Desserts oder schmecken erfrischend säuerlich in Salaten und Suppen.
1 Liter Wasser	
1 Esslöffel Salz ohne Fluor	
3 Esslöffel Zucker	

Weitere tolle Rezepte finden Sie weiter hinten in unserem Bonus-Kapitel. Nicht nur beim Fermentieren beginnen Mikroorganismen, ihre förderlichen Kräfte zu entwickeln. Durch spezielle EM-Produkte können Sie gezielt Speisen behandeln und dadurch ihre Aromen verstärken, die Haltbarkeit erhöhen und sie leichter verdaulich machen. Wollen Sie EM beim Kochen oder Backen einsetzen, nutzen Sie EM-Resonanzkeramik. EM-Lösungen mit lebenden Mikroorganismen sind hierfür nicht geeignet, da sie bei Temperaturen über 40 °C absterben. Durch die positiven Schwingungseigenschaften von EM-Keramik können Lebensmittel energetisiert und harmonisiert werden, sodass sich verschiedene Zutaten bei der Zubereitung leichter verarbeiten lassen. EM-Keramik wirkt antioxidativ, sodass Fäulnisprozesse später beginnen. Lagern Sie beispielsweise Obst und Gemüse zusammen mit EM-Keramik im Kühlschrank, so bleibt dieses länger frisch. Getreide und Hülsenfrüchte können bekömmlicher gemacht werden, indem sie 24 Stunden in Wasser mit EM-Keramik eingelegt werden. Mit EM-Salz verfeinern Sie jede Speise mit einer Extraportion Effektiver Mikroorganismen. Für Salate und kalte Speisen eignet sich auch ein Kräuterferment mit EM. Wer am Arbeitsplatz oder im Urlaub nicht auf die gesundheitsförderliche Wirkung von EM verzichten will, kann Wasser, Tee oder Kaffee mit 10 bis 30 ml des Fermentationsgetränks EM-X Gold vermischen.

Tipp: Schneller und unkomplizierter Einstieg mit EM-X Gold
Bauen Sie das Fermentationsgetränk EM-X Gold täglich in Ihre Ernährung ein. Es ist geschmacksneutral und hitzebeständig, sodass Sie es pur trinken, mit einem Getränk Ihrer Wahl vermischen oder zum Kochen und Backen verwenden können. Die gesundheitsfördernde Wirkung wird sich schon nach kurzer Zeit bemerkbar machen.

KÖRPERPFLEGE

Bekanntermaßen ist die Haut des Menschen sein größtes Organ. Die durchschnittliche Oberfläche der menschlichen Haut bemisst 1,5 bis 2 qm und sie kann bis zu 10 kg wiegen. Unsere Haut hat viele Aufgaben. Sie dient als erstes Hindernis äußerer Umweltfaktoren, das überwunden werden muss, um in unseren Körper zu gelangen. Zeitgleich ist sie Teil unserer Sinnesorgane und sammelt für uns Informationen durch das Erfühlen. Wir können durch sie Berührungen, Schmerz und Temperaturen empfinden. An der Haut eines Menschen lassen sich noch viele andere Dinge ablesen, beispielsweise Emotionen, aber auch die Art des Lebensstils und der Ernährung. In der Haut sitzen verschiedene Drüsen. Die Schweißdrüsen sondern unter anderem Wasser, Salze und Säure ab. Durch die im Schweiß enthaltenen Säuren bleibt das leicht saure Hautmilieu erhalten und krankheitserregende Bakterien werden abgetötet. Die Duftdrüsen sind für unseren individuellen Körpergeruch zuständig. Die Talgdrüsen halten die Haut geschmeidig. Ein stabiles Hautmikrobiom ist unerlässlich für eine gesunde Haut. Wie auch im Darm, ist hier die richtige Zusammensetzung der aufbauenden Bakterien wichtig, um alle Funktionen zu erhalten. Ist das Zusammenspiel gestört, beispielsweise durch eine übertriebene Hygiene und Desinfektion der Haut, wird die Schutzfunktion reduziert und Allergene und Reizstoffe können eindringen. Dies kann auf Dauer zu Hautrötungen, Juckreiz, Entzündungen oder sogar Allergien führen. Umso wichtiger ist eine gute und regelmäßige Hautpflege. Kosmetikprodukte mit EM können Sie vorsorglich anwenden oder, wenn Sie bereits Symptome haben, zur Wiederherstellung des Hautmikrobioms nutzen. Probiotische Pflegeprodukte können entzündungshemmend wirken, die Abwehrfunktion gegen Krankheitserreger verbessern und schädliche Mikroorganismen hemmen. In einer klinischen Studie von 2021 konnte die Wirksamkeit von probiotischen Teilbädern bei atopischer Dermatitis nachgewiesen werden. (Axt-Gadermann et al. 2021).

Mit Bio-Pflegeprodukten, die EM enthalten, können Sie sich auf die Wirksamkeit natürlicher Inhaltsstoffe verlassen. EM helfen dabei, das Gleichgewicht des Hautmikrobioms wiederherzustellen, und stärken dadurch den körpereigenen Schutzmantel der Haut. Bei dauerhafter Anwendung werden Hautprobleme wie Akne oder Ekzeme zurückgehen. Ihre Haut wird gesünder und frischer aussehen. Mit EM-Shampoos können Sie zusätzlich das Milieu der Kopfhaut verbessern, Schuppen entgegenwirken und das Haarwachstum anregen.

Tipp: Verwenden Sie bei unreiner Gesichtshaut mehrmals pro Woche eine EM-Gesichtsmaske, bis die Hautunreinheiten verschwunden sind.
Für ein optimales Ergebnis pflegen Sie Ihr Gesicht mit einer EM-Gesichtscreme.

EM-Gesichtsmaske

Zutaten	Zubereitung
2 TL EM-Pflegebalsam	Für die selbst hergestellte Gesichtsmaske benötigen Sie eine kleine Schüssel oder Schale. Geben Sie den Pflegebalsam, das EM-Meersalz und die Gesichtsmilch dort hinein und vermengen Sie alles mit einem kleinen Spatel oder einem Löffel. Ist die Konsistenz zu flüssig, dann geben Sie etwas EM-X-Keramikpulver hinzu und verrühren die Masse anschließend wieder. Wiederholen Sie den Vorgang, bis die Paste eine streichfähige Konsistenz hat. Verteilen Sie die Masse mit der Hand oder einem festen Kosmetikpinsel großzügig in Ihrem Gesicht. Lassen Sie die Maske 20 Minuten einwirken. In dieser Zeit können Sie sich zur Entspannung ein wenig hinlegen. Machen Sie sich gern etwas ruhige Musik an, um den entspannenden Effekt zu verstärken. Nach Ablauf der Zeit waschen Sie Ihr Gesicht mit lauwarmem Wasser ab und tupfen es mit einem weichen Handtuch trocken.
½ TL EM-Meersalz Gold	
Ein paar Tropfen EM-Gesichtsmilch	
Optional: EM-X-Keramikpulver	

HAUSHALT

Laut Bundesministerium für Umwelt, Naturschutz, nukleare Sicherheit und Verbraucherschutz verbrauchten deutsche Haushalte im Jahr 2019 durchschnittlich 1,5 Tonnen Wasch- und Reinigungsmittel. Viele davon enthalten bedenkliche Chemikalien, die durch das Abwasser in die Umwelt gelangen. Trotz der Abwasserreinigung in Kläranlagen können nicht alle Stoffe gefiltert werden. Bakterien sind nicht in der Lage, biologisch besonders schwer abbaubare Zusätze zu zersetzen. Dazu gehören beispielsweise Paraffine, Duftstoffe oder Konservierungsstoffe. Alle Substanzen, die nicht abgebaut werden können, gelangen in Flüsse, Seen und das Grundwasser und schädigen die dort lebenden Organismen. Das Gefüge beginnt, zu kippen. Einige Chemikalien lagern sich in Tieren und Pflanzen ab, die wir später als Nahrungsmittel zu uns nehmen. So können Duft- und Konservierungsstoffe aus unseren Haushaltsreinigern bei uns und anderen Menschen auch auf diesem Wege allergische Reaktionen auslösen. In diesem Kontext ist es nicht verwunderlich, dass eine ökologisch verträgliche Reinigung des Haushalts mit natürlichen Mitteln für viele Menschen immer wichtiger wird. Dabei kommt es auf vier Faktoren an, die der Chemiker Herbert Sinner geprägt hat.

- Faktor 1: die Chemie – Art des Reinigungsmittels und seine Dosierung
- Faktor 2: die Mechanik – Kraftausübung beim Putzen
- Faktor 3: die Temperatur
- Faktor 4: die Zeit – also die Reinigungsdauer

Wer umweltbewusst vorgehen will, achtet zuerst auf die richtige Wahl des Reinigungsmittels. Spezialreiniger, wie Abflussreiniger oder Backofenreiniger, sind häufig aggressiv und für die Umwelt bedenklich. Mit einfachen Mitteln bzw. Vorkehrungen wird die Anwendung dieser Spezialreiniger überflüssig. Nutzen Sie zum Beispiel ein Abflusssieb, um Haare aufzufangen. Für normale Verschmutzungen sind Allzweck-, Bad- und Küchenreiniger ausreichend. Mit EM-Reinigern gehen Sie noch umweltfreundlicher vor. Reiniger mit Effektiven Mikroorganismen enthalten nur geringe Mengen an typischen Bestandteilen wie Essigsäure und Alkohol. Diese unterstützen die Arbeit der EM, die zum überwiegenden Teil enthalten sind. Die Funktionsweise entspricht nach wie vor dem Dominanzprinzip von Prof. Dr. Higa. Die aufbauenden Mikroorganismen im Reiniger werden durch Sprühen auf einer Oberfläche verteilt. Sie beginnen damit, krankmachende Keime zu verdrängen, nehmen deren Plätze ein und verarbeiten die vorhandene Nahrung. Diese Nahrung ist organisches Material, das es massenweise in einem normalen Haushalt gibt. Dazu gehören beispielsweise Haare, Hautschuppen, Essensreste und Staub. Die Stoffwechselprodukte der EM sind förderlich für das Milieu, weil sie den pH-Wert leicht verändern, in dem sich fäulniserregende Bakterien nicht wohlfühlen.

Ein weiterer positiver Nebeneffekt ist, dass unangenehme Gerüche verschwinden. Denn diese werden von den fäulniserregenden Bakterien produziert, die dauerhaft keine Überlebensmöglichkeit in einem Areal haben, das regelmäßig mit EM gereinigt wird. Vorteil gegenüber herkömmlichen Duftsprays ist, dass Gerüche beseitigt und nicht nur überlagert werden. Da EM-Reiniger keine synthetischen Stoffe enthalten, können sie ohne gesundheitliche Bedenken direkt auf Textilien angewendet oder in die Luft gesprüht werden. Die EM-Technologie funktioniert ebenso gut in allen anderen Bereichen, in denen Sie gegen schlechte Gerüche kämpfen, zum Beispiel in Küche und Bad oder in Mülltonnen und Kompostbehältern.

Tipp: Eigenen EM-Zitrusreiniger herstellen
Bei hartnäckigen Kalk-, Fett- oder Schmutzflecken diesen Reiniger direkt anwenden und ein paar Minuten einwirken lassen. Zur Anwendung als Allzweckreiniger vorher in Wasser verdünnen.

EM-Zitrusreiniger für Oberflächen

Zutaten	Zubereitung
Schalen von 2 Zitrusfrüchten (Zitrone, Orange oder Limette)	Für dieses Rezept brauchen Sie ein wenig Vorbereitungszeit. Planen Sie also gut vor, ab wann Sie den Zitrusreiniger benötigen. Dieses Rezept eignet sich sehr gut zur Verwertung von Zitrusschalen, die bei der Zubereitung anderer Speisen übrig bleiben und ansonsten entsorgt werden. Sammeln Sie vorab Schalen von zwei Zitrusfrüchten, zum Beispiel Zitronen, Limetten oder Orangen. Stellen Sie ein Glas mit mindestens 100 ml Fassungsvermögen bereit. Schneiden Sie die Schalen klein und geben Sie diese in das Glas. Füllen Sie das Glas mit dem Essig auf, sodass alle Schalen bedeckt sind. Verschließen Sie das Glas und lassen Sie es 14 Tage stehen. Im Anschluss gießen Sie die Flüssigkeit durch ein Sieb in einen neuen, sauberen Behälter. Die Zitrusschalen können Sie im Biomüll entsorgen. Geben Sie in den Behälter zusätzlich das Wasser und EM-blond und vermengen Sie alles miteinander. Zum Schluss können Sie den fertigen Zitrusreiniger mit einem Trichter in eine Sprühflasche füllen (mind. 650 ml Fassungsvermögen).
100 ml Essig	
20 ml EM-blond	
500 ml Wasser	

Weitere nützliche Rezepte finden Sie im Bonus-Kapitel am Ende des Buchs.

WOHNUMFELD UND GARTEN

Neben der Haushaltsreinigung gibt es noch zahlreiche andere Möglichkeiten, EM sinnvoll im direkten Wohnumfeld oder im Garten einzusetzen. In geschlossenen Räumen, wie in der eigenen Wohnung oder im Büro, können EM genutzt werden, um das Raumklima zu verbessern. Wenn Experten das Klima eines bestimmten Raumes näher betrachten, untersuchen sie folgende Faktoren:

- Faktor 1: die Temperatur
- Faktor 2: die Luftfeuchtigkeit
- Faktor 3: die Luftzirkulation
- Faktor 4: die Luftqualität

Faktor 1 und 2 sind gut messbar mit Hilfe eines Thermo- oder Hygrometers. Faktor 3 und 4 sind schwer beurteilbar und hängen davon ab, wie häufig gelüftet wird. Dadurch verändern sich die Bestandteile an Sauerstoff, Staubpartikeln und schädlichen Stoffen, was zu einer Verbesserung der Qualität führt. Besteht ein schlechtes Raumklima, kann es auf Dauer zu Müdigkeit, Schlappheit, Kopfschmerzen und Infekten der Atemwege kommen. Durch die Berücksichtigung folgender Hinweise und den gezielten Einsatz von EM-Technologie können diese Schadstoffe in der Raumluft reduziert werden und ein gesünderes Klima schaffen:

- Lüften Sie einmal stündlich für 5 Minuten stoßweise.
- Die Raumtemperatur sollte zwischen 21 und 26 °C liegen.
- Nutzen Sie die positiven Eigenschaften von Zimmerpflanzen, beispielsweise die Produktion von Sauerstoff und die Filterfunktion von schädlichen Luftbestandteilen.
- Reinigen Sie regelmäßig alle Oberflächen, um angesammelten Staub und andere Partikel zu entfernen. Für eine gesundheitsbewusste Reinigung verzichten Sie auf Chemikalien und nutzen natürliche EM-Reiniger.
- Nutzen Sie die Klimaanlage nur vorübergehend und bei hohen Temperaturen, da sie die Schleimhäute austrocknet.
- Heizen Sie nicht zu stark, da dies die Luftfeuchtigkeit stark reduziert.
- Nutzen Sie 1- bis 2-mal täglich ein EM-Raumspray, um die Luftqualität natürlich zu fördern.

Sie können auch über einen Luftbefeuchter nachdenken, wenn die Raumluft in Ihrer Wohnung zu trocken ist. Die relative Luftfeuchtigkeit sollte zwischen

40 % und 60 % liegen. Neben der Temperatur beeinflusst der Feuchtigkeitsgrad der Luft unser Wohlbefinden und spielt eine wichtige Rolle bei gesundheitlichen Aspekten. Eine zu geringe Luftfeuchtigkeit reduziert die Feuchtigkeit der Augen, Schleimhäute und des Lungengewebes, sodass die natürliche Schutzfunktion herabgesetzt wird. Nanopartikel, die wir einatmen, beispielsweise Pollen oder Krankheitserreger, werden schlechter abtransportiert oder zersetzt. Durch das trockene Bronchialgewebe wird die Reinigungsfunktion in unseren Lungenflügeln reduziert und die Immunabwehr wird beeinträchtigt. Krankmachende Viren und Bakterien können die geschädigten Schleimhäute leichter passieren. Die Folgen sind immer wiederkehrende Atemwegerkrankungen.

Tipp: Gleich ein eigenes EM-Raumspray anmischen.

Einfaches Rezept für EM-Raumspray

Zutaten	Zubereitung
450 ml Wasser	Für dieses simple Rezept benötigen Sie eine Sprühflasche mit 500 ml Fassungsvermögen. Verwenden Sie keine Flasche, in der vorher aggressive Chemikalien gelagert wurden. Die Rückstände können den EM schaden. Wenn Sie auf Nummer sicher gehen wollen, kaufen Sie in der Drogerie eine neue Sprühflasche. Nehmen Sie eine Schüssel zur Hand und vermischen Sie Wasser und EM-blond sorgfältig mit einem Schneebesen oder Löffel. Füllen Sie die Mischung durch einen Trichter in die Sprühflasche. Das Raumspray enthält keine Duftstoffe und ist neutral. Verwenden Sie das EM-Raumspray täglich, bei Bedarf auch mehrfach.
50 ml EM-blond	
1 Sprühflasche mit 500 ml Fassungsvermögen	

Weitere praktische Rezeptideen erwarten Sie im Bonus-Kapitel.

Wenn Sie mit dem Gegenteil, also zu hoher Luftfeuchtigkeit, Schwierigkeiten haben, sind EM ebenso wirksam. Sie regulieren die Raumluft und beugen Schimmelbildung vor, die bei sehr feuchter Luft (über 60 %) wahrscheinlicher wird. Sie können EM präventiv anwenden oder wenn bereits Schimmel aufgetreten ist. Da Schimmelpilze nur in Bereichen auftreten, in denen keine anderen Pilze leben, greift das Dominanzprinzip von Prof. Dr. Higa noch effektiver. Die in allen EM-Lösungen enthaltenen Hefepilze verteilen Sie einfach mit einer Sprühflasche großflächig auf der betroffenen Fläche. Die EM verstoffwechseln organisches Material, wie Staubpartikel, und vermehren sich auf dem anvisierten Bereich. Schimmelpilze werden verdrängt oder ein Auftreten wird verhindert.

Eine weitere gute Möglichkeit, das Raumklima zu fördern und Gerüche zu beseitigen, ist die regelmäßige Anwendung von EM auf Teppichen und Polstermöbeln. Gerade wer Haustiere hat, kann Flecken, Tierhaare und unangenehme Gerüche nicht verhindern. Ganz gleich, ob der Fleck ein Tropfen Tierspeichel, Blutreste einer Kratzwunde oder von draußen hereingetragener Dreck ist, Effektive Mikroorganismen zersetzen alle organischen Substanzen und vermehren sich durch die stete Nahrungszufuhr. Durch eine konstante Verbreitung von EM auf Sofa, Schränken, Boden und vielem mehr werden fäulniserregende Bakterien verdrängt. Dies trägt zu mehr Sauberkeit, einer Neutralisierung schlechter Gerüche und dadurch zu einer besseren Luftqualität bei. Sprühen Sie dafür einfach verdünntes EM-1 oder ein geeignetes EM-Fertigprodukt auf Möbel und Textilien und lassen Sie diese an der Luft trocknen. Ergänzend können Sie EM-X-Keramikplatten verwenden. Sie wirken wie EM-X-Keramikpipes und geben die positiven Informationen der EM an ihre Umwelt ab. Sie können die EM-X-Keramikplatten als Dekorelement nutzen. Sie sind ebenfalls gut dazu geeignet, um die positiven Schwingungen der EM immer dabeizuhaben. Tragen Sie die EM-X-Keramikplatte einfach in der Handtasche oder Hosentasche bei sich und Sie fühlen sich ausgeglichener und weniger gestresst durch die harmonisierende Resonanz.

EM-Anwendungen im Garten sind die Ausgangsidee von Prof. Dr. Higa. Daher wurden in diesem Bereich viele nützliche Lösungen erforscht. Mit EM machen Sie herkömmliche Dünger für Ihre Zimmerpflanzen überflüssig. Legen Sie ein paar EM-X-Keramikpipes in das Gießwasser, sodass die nützlichen Informationen der EM immer mit übertragen werden. Die Erde im Topf können Sie zusätzlich mit etwas EM-X-Keramikpulver versetzen und alle 2 Wochen gießen Sie Ihre Topfpflanzen mit verdünnten EMa. In ein paar Wochen sehen Sie die ersten Erfolge – intensiv grüne Blätter und ein wunderschönes Blütenmeer werden Sie begeistern. Im Garten oder auf dem Balkon gehen Sie mit Ihren Pflanzen ähnlich um, denn wer möchte nicht die positiven Effekte der EM nutzen? EM erhöhen die Bakterienvielfalt in der Erde und fördern das Zusammenleben der vorhandenen Mikroorganismen. Sie zersetzen organisches Material, was als Dünger für Ihre Pflanzen dient und die Erträge steigern kann. EM fördern die Keimung von ausgebrachtem Saatgut und reduzieren die Wachstumsdauer der Pflanzen. Sie unterstützen die Abwehrkräfte der

Pflanzen, sodass sie weniger krankheitsanfällig sind und chemische Pflanzenschutzmittel überflüssig werden. Durch alle diese positiven Eigenschaften tragen sie zu einer besseren Qualität und zu höheren Erträgen Ihrer Ernte bei. Die ursprünglichste und einfachste Anwendung im Garten ist das regelmäßige Gießen mit in Wasser verdünnten EMa. Zu Beginn der EM-Anwendung wird empfohlen, in 10 Liter Wasser 200 ml EM-1 oder EMa zu verdünnen und diese auf einer 10 Quadratmeter großen Fläche zu verteilen. Zum Schutz vor Krankheiten können Sie die Pflanzen alle 2 Wochen mit verdünnten EM besprühen. Sollten einige Pflanzen bereits erkrankt sein, ist eine häufigere Behandlung sinnvoll. Die dritte Möglichkeit, EM zu nutzen, ist es, Bokashi (Kompost) herzustellen. Ähnlich wie bei einem herkömmlichen Komposthaufen sammeln Sie Küchenabfälle, Pflanzenreste und andere organische Abfälle, die von Bakterien und Co. zersetzt werden. Für Bokashi, der aus Küchenabfällen und Essensresten hergestellt wird, können Sie einen entsprechenden Bokashi-Eimer kaufen. Darin entsorgen Sie alle Abfälle, die anfallen, und pressen sie mit den Händen oder mit einem Brettchen dicht zusammen, sodass möglichst wenig Sauerstoff Platz hat. Besprühen Sie jede Lage mit EMa und verschließen Sie den Eimer luftdicht bis zur nächsten Verwendung.

Die EM beginnen mit der Zersetzung. Alle 2 bis 3 Tage sollten Sie über das Ventil den Sickersaft ablassen. Diesen können Sie hervorragend als flüssigen Dünger verwenden. Wenn der Eimer voll ist, lassen Sie ihn für mindestens 2 Wochen verschlossen, damit der Fermentationsprozess vollständig durchlaufen wird. Lassen Sie weiterhin regelmäßig den Sickersaft ab. Die Fermentation ist abgeschlossen, wenn der pH-Wert unter 4 liegt. Der Geruch ist dann säuerlich. Den fertigen Bokashi können Sie als festen Dünger in die Gartenerde einarbeiten. Damit Sie immer im Wechsel organische Abfälle sammeln und Bokashi herstellen können, ist die Anschaffung von 2 oder mehr Bokashi-Eimern angebracht, je nachdem, wie viele Küchenabfälle in Ihrer Familie anfallen.

Tipp: Steigen Sie von der Bio-Tonne auf einen Küchen-Bokashi um. Das ist nicht nur gut für die Umwelt, sondern auf lange Sicht auch für Ihr Konto. Die Anschaffung von zwei Bokashi-Eimern ist eine Investition für die Zukunft. Sie produzieren weniger Müll und gärtnern nachhaltiger. Durch das regelmäßige Ausbringen von flüssigem und festem Bokashi gedeihen Ihre Pflanzen besser und Sie sparen sich viel Geld für industriell hergestellte Gartenerde, Mineraldünger und chemische Pflanzenschutzmittel. Die Natur wird es Ihnen danken. Das zeigt sich durch gesündere Pflanzen, eine bessere Bodenbeschaffenheit und eine höhere Insektenvielfalt in Ihrem Garten. Kosten für einen Eimer mit 16 Liter Fassungsvermögen: circa 30 Euro.

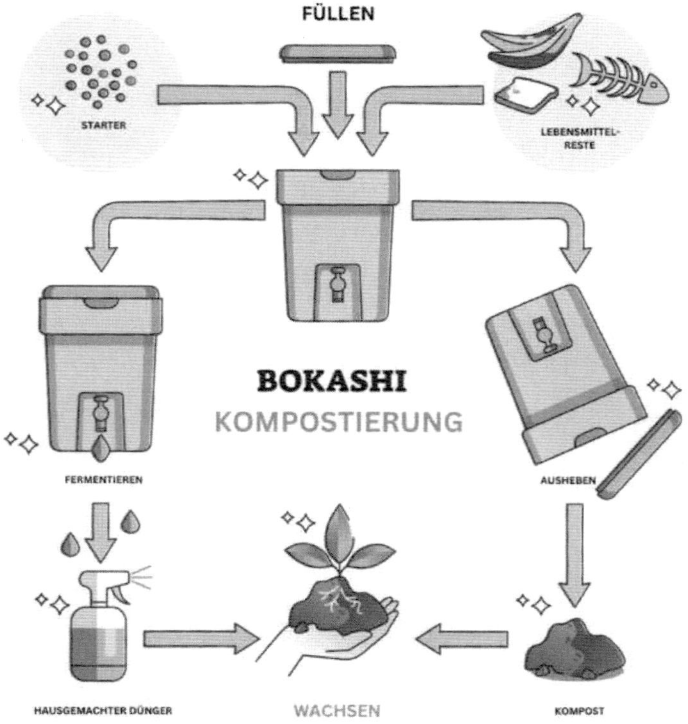
FÜLLEN
STARTER
LEBENSMITTEL-
RESTE
BOKASHI
KOMPOSTIERUNG
FERMENTIEREN
AUSHEBEN
HAUSGEMACHTER DÜNGER
WACHSEN
KOMPOST

Effektive Mikroorganismen und die Gesundheit

Effektive Mikroorganismen können in vielen unserer Lebensbereiche Gutes bewirken. Besonders interessant ist, dass sie auf verschiedenste Weise unsere Gesundheit fördern können. In diesem Kapitel erfahren Sie, welche positiven Effekte die regelmäßige innere und äußere Anwendung auf das Immunsystem, die Verdauung, bestehende Allergien, die Psyche und bei Wunden haben kann. Unterstrichen werden die guten Erfahrungen anderer Nutzer durch vielversprechende wissenschaftliche Studien, die sich mit dem Einsatz lebender Mikroorganismen (Probiotika) beschäftigen.

Stärkung des Immunsystems

Das menschliche Immunsystem wird grob in zwei Arten unterteilt: das systemische und das intestinale Immunsystem. Dabei umfasst das intestinale Abwehrsystem alle Organe, die mit Schleimhäuten bedeckt sind, beispielsweise die Nasen- und Mundhöhle, Lunge, Magen und Darm, aber auch Vagina, Gebärmutter und Blase. Die schleimhautbedeckten Organe sind neben der Haut die ersten Körperteile, die mit potenziellen Krankheitserregern in Kontakt kommen. Zur Verteidigung bedienen sie sich verschiedener Funktionen:

- Sie produzieren **bakterienhemmende Stoffe**. Im Speichel und in der Tränenflüssigkeit ist ein Enzym enthalten, das Bakterien abtötet.
- Im **Bronchialschleim** verfangen sich eingeatmete Krankheitserreger und können in der Regel nicht weiter in den Körper eindringen.
- Keime, die wir mit unseren Mahlzeiten zu uns nehmen, werden durch die **Magensäure** abgetötet.
- **Neutrale oder nützliche Bakterien**, die auf unserer Haut und den Schleimhäuten leben, sind eine Barriere für Eindringlinge.

Aufgrund seiner Struktur ist der Darm das größte Immunorgan in unserem Körper. Die mit dem Immunsystem verbundenen Zellen sind zu 80 % im Darmtrakt zu finden und sitzen in verschiedenen Gewebeschichten. An allen Prozessen im Darm sind Mikroorganismen beteiligt. Es besteht eine Wechselwirkung zwischen dem Darm und unserem Immunsystem. Die Besiedlung des Darms mit symbiotischen Bakterien führt zu einem Anstieg bestimmter Antikörper, die zur Reduktion von allergischen Reaktionen und zum Schutz vor Krankheitserregern führt. Verändert sich die Zusammensetzung unseres

Darmmikrobioms, führt das wiederum zur Ausschüttung von neuen Antikörpern. Ist die Veränderung unserer Gesundheit zuträglich, werden mehr Antikörper ausgeschüttet, die unsere Abwehr stärken. Verändert sich unser Ernährungsstil negativ, also werden mehr Fast Food und Fertigprodukte gegessen, reduziert das die Vielfalt der Darmbakterien. Die nützlichen Bakterien fehlen zunehmend. Es werden weniger Antigene produziert. Neben den Bakterien selbst spielen auch ihre Stoffwechselprodukte eine wichtige Rolle. Sie können sich positiv auf Nahrungsmittelallergien oder chronische Darmerkrankungen wie Morbus Crohn auswirken.

Daraus geht Folgendes hervor: Ist das Darmmikrobiom aus dem Gleichgewicht geraten, können krankheitserregende Keime einfacher eindringen und Störungen hervorrufen. Diese Dysbalance zeigt sich bei dem einen durch Verdauungsprobleme, bei anderen Menschen führt es auf lange Sicht zu Übergewicht, Allergien oder chronisch-entzündlichen Darmerkrankungen. Durch die regelmäßige Einnahme von Probiotika oder mit Effektiven Mikroorganismen versetzten Produkten kann das Gleichgewicht wiederhergestellt werden. Sie unterstützen die dauerhafte Besiedlung Ihres Darms mit symbiotischen Mikroorganismen, die nicht nur Ihre Darmgesundheit fördern. Nachdem krankheits- und fäulniserregende Keime verdrängt wurden, verrichten die EM ihre Arbeit und zersetzen organisches Material im Darm dermaßen, dass nützliche Inhaltsstoffe vom Körper aufgenommen werden können und gleichzeitig förderliche Stoffwechselprodukte entstehen. Diese stärken Ihr Immunsystem durch die Bildung bestimmter Antigene und führen dazu, dass Sie seltener krank sind und sich insgesamt gesünder fühlen.

ⓘ

Tipp: Reduzieren Sie entzündungsfördernde Lebensmittel.
Um den EM die Arbeit zu erleichtern und die Symptome von Allergien, Verdauungsproblemen und chronischen Darmerkrankungen schneller zu lindern, reduzieren Sie Ihren Konsum an ungünstigen Nahrungsmitteln. Dazu gehören rotes Fleisch, Zucker, Weißmehl, Produkte aus Kuhmilch, Alkohol und stark verarbeitete Lebensmittel wie Wurst.

EINSATZ BEI ALLERGIEN

Laut dem Robert-Koch-Institut (RKI) wird in Deutschland bei 30 % der Erwachsenen und 20 % der Kinder mindestens einmal im Leben eine Allergie diagnostiziert. Die Häufigkeit hat in der westlichen Welt seit den 1970er Jahren zugenommen.

Atopische Erkrankungen sind Allergien oder allergische Reaktionen, die durch unbedenkliche natürliche und synthetische Stoffe in der Umwelt ausgelöst werden. Die Atopie steht in Zusammenhang mit einer erhöhten Produktion von sogenannten Immunglobulin-E-Antigenen (kurz IgE-Antigenen). Zu den allergischen und atopischen Erkrankungen zählt das RKI unter anderem Neurodermitis, Heuschnupfen, Asthma bronchiale, Nahrungsmittel- und Insektenstichallergien.

Nachdem Sie im Kapitel zuvor erfahren haben, dass sich Allergien durch das Zusammenspiel unserer Darmbakterien mit unserem Immunsystem entwickeln, bleibt die Frage offen, wie Sie mit Hilfe von EM auf bestehende Allergien einwirken können. Die bestehende Dysbalance muss durch geeignete Maßnahmen ausgeglichen werden, um allergische Reaktionen zu mindern. Die Idee der mikrobiologischen Therapie gibt es schon circa 100 Jahre, die Behandlungsmethoden sind jedoch noch wenig erforscht. Ziele des Einsatzes lebender oder abgetöteter Mikroorganismen oder ihrer Bestandteile sind dabei die Stabilisierung des Schleimhautmilieus im Darm und die Minimierung der Abwehrreaktion, die gegen den eigenen Körper gerichtet wird.

Gut zu wissen: Ob jemand eine Allergie entwickelt oder nicht, hängt von vielen Faktoren ab und wird nicht allein vom Erbgut bestimmt, wie es viele Jahre angenommen wurde. Negative Auswirkungen kann auch eine falsche Ernährung haben. Bei der Auswertung verschiedener wissenschaftlicher Studien konnten Schnitzer et al. (2018) herausfiltern, dass Inhaltsstoffe von Kuhmilchprodukten und glutenhaltigen Getreideprodukten die Entzündungen im Körper verstärken. Sie wirken sich dadurch negativ auf das Darmmikrobiom und das Abwehrverhalten des menschlichen Organismus aus.

Effektive Mikroorganismen und Probiotika setzen bei der Behandlung von Allergien am gleichen Punkt an. Sie helfen, das gestörte Schleimhautmilieu im Darm zu regenerieren. Dadurch erfolgt eine verbesserte Nährstoffaufnahme.

Sie stabilisieren die Besiedlung mit nützlichen Darmbakterien und stärken die Barriere gegen krankmachende Keime. Sie beeinflussen die Reizweiterleitung vom Darm zum Gehirn positiv und wirken hemmend auf das Entzündungsgeschehen im Körper. Eine mikrobiologische Therapie ist keine kurzfristige Angelegenheit. Die ersten Symptomverbesserungen treten oft schon nach einigen Wochen ein. Bis das Allergiegeschehen allerdings zum Erliegen kommt, können mindestens 6 bis 12 Monate vergehen.

Unabhängig von der Art der Allergie können Sie EM innerlich anwenden, um das Darmmikrobiom wieder ins Gleichgewicht zu bringen und die Abwehrreaktion Ihres Körpers zu verringern. Dazu eignet sich die tägliche Einnahme von 10 bis 30 ml des EM-X-Gold-Fermentationsgetränks. In einer Studie von Shintani et al. (2015) konnte nachgewiesen werden, dass EM-X Gold bei regelmäßiger Anwendung eine entzündungshemmende Wirkung hat und die Immunfunktion des Körpers verbessert. Im Hinblick auf eine Pollenallergie bzw. Heuschnupfen gibt es weitere positive Neuigkeiten. Eine Studie der Stiftung ECARF von Bergmann et al. (2020) untersuchte die Auswirkung einer regelmäßigen Einnahme probiotischer Nahrungsergänzungsmittel mit Laktobazillen und Bifidobakterien, die auch Teil der EM-Mikrobengemeinschaft sind. Zu Beginn und am Ende der Studie wurden die Teilnehmenden zwei Stunden in eine Pollenkammer gesetzt und die Symptome wurden notiert. Nach 4-monatiger Einnahme des Nahrungsergänzungsmittels zeigten sich deutlich weniger Beschwerden bei den Testpersonen. Die Probiotika trugen erheblich zur Linderung der allergischen Symptomatik, wie dem Anschwellen der Nasenschleimhäute oder gerötete und juckende Augen, bei.

Tipp für Pollen-Allergiker:
Nutzen Sie ein EM-Nasenpflegeöl, das das Eindringen von Pollen in die Atemwege verringert. Eine Nasenspülung mit EM-Ur-Meersalz am Abend verhindert das Zuschwellen der Atemwege nachts, sodass Sie einen besseren und erholsameren Schlaf haben.

Neurodermitis-Geplagte können ebenfalls aufatmen. In einer Studie (Navarro-López et al. 2018) konnte in einer kleinen Gruppe von Neurodermitis-Patienten nachgewiesen werden, dass sich die Symptome nach regelmäßiger Einnahme von Probiotika verbesserten. Es handelte sich um eine Mischung aus zwei Bifidobakterienstämmen und Laktobazillen, die den Testpersonen als Tablette 12 Wochen lang verabreicht wurde. Die Ergebnisse der Probiotika- und der Placebo-Gruppe unterschieden sich erheblich und zeigten positive Veränderungen bei der Stärke und Ausbreitung der Neurodermitis.

ⓘ

Tipp für Neurodermitis-Betroffene:
Nehmen Sie regelmäßig Vollbäder mit einem Zusatz aus EM-Ur-Meersalz und EM-X-Keramikpulver. Das reduziert das Jucken der Haut und fördert die Regenerationsfähigkeit. Pflegecremes können Sie zusätzlich einen kleinen Anteil EM-X-Keramikpulver beimischen und so gezielt betroffene Stellen behandeln. Innerhalb weniger Wochen sind die ersten Verbesserungen zu erwarten.

Bei einer Hausstaubmilbenallergie treten ähnliche Symptome auf wie beim Heuschnupfen: tränende Augen, Schnupfen und Niesen. Aber auch Atemprobleme und Kopfschmerzen machen Allergikern zu schaffen. Grund dafür sind Eiweißbestandteile aus dem Kot der Milben. Da Hausstaubmilben überall in unserer Wohnung leben, besonders in Matratzen, Polstermöbeln und Textilien, gibt es ein einfaches Mittel zur Vorbeugung allergischer Reaktionen. Dazu gehören zum Beispiel regelmäßiges Stoßlüften, das Auslüften des Bettzeugs, das Absaugen der Matratze einmal im Monat und die regelmäßige Reinigung der Oberflächen und Textilien. Reinigungsmittel mit EM können hier zusätzlich von Nutzen sein, da sie ein anderes Milieu bevorzugen als Milben und diese dadurch verdrängen. Sprühen Sie eine Lösung aus Wasser und EM-blond auf Polstermöbel, Matratze und Textilien und lassen Sie diese gut trocknen. Ihrer Wäsche können Sie ebenfalls EM-X-Keramikpipes hinzufügen, damit die nützlichen Informationen der EM an die Wäsche abgegeben werden. Achten Sie nur darauf, die Keramikröhrchen in einem Stoffsäckchen zur Wäsche zu geben, damit Ihre Waschmaschine keinen Schaden nimmt.

Einsatz bei Verdauungsproblemen

Wer sich näher mit EM beschäftigt, dem ist der Einsatz im Bereich der Verdauung vollkommen logisch, da diese das Darmmikrobiom positiv verändern können, welches wiederum direkt mit unserem Gehirn und unserem Immunsystem verbunden ist.

Die eigene Ausscheidung ist in unserer Gesellschaft ein Tabu-Thema. Es ist also nicht verwunderlich, dass viele Menschen ihre Verdauung als gegeben hinnehmen und ungern darüber sprechen. Blähungen, Durchfall oder Verstopfung gehören zum Alltag und werden als lästiges, aber notwendiges Übel akzeptiert. Das zeigt sich auch in einer Statista-Umfrage von 2017. 51 % der Befragten gaben an, regelmäßig unter Blähungen zu leiden. Fast ebenso häufig wurden Durchfall (49 %) und Sodbrennen (43 %) genannt. Beschwerden wie Völlegefühl, Übelkeit, Reizdarm, Verstopfung und eine Entzündung der Magenschleimhaut wurden von weniger als einem Drittel angegeben. Nur 2

% der Befragten gaben keinerlei Verdauungsbeschwerden an. Das zeigt deutlich, dass Magen-Darm-Beschwerden ein ernstzunehmendes Problem in der deutschen Bevölkerung sind. Da die Symptome allerdings nicht dauerhaft vorherrschen oder der Leidensdruck nicht groß genug ist, ändern viele Menschen ihren Lebensstil nicht – selbst, wenn sie um die Ursache wissen.

In seiner Dissertation führte Michael Kracht (2014) mit einer bevölkerungsnahen Stichprobe an Teilnehmenden eine Untersuchung zum als normal empfundenen Stuhlgangverhalten durch. Neben der Abfrage von Verdauungsbeschwerden und Medikamenteneinnahmen schätzten die Probanden regelmäßig ihre Stuhlganghäufigkeit, die Konsistenz und Beimengungen ein. Besonders im Hinblick auf die Konsistenz ging die Einschätzung, was normal ist, auseinander. Knapp 83 % gaben an, dass ihr Stuhlgang normal sei. Davon beschrieben ihn circa 70 % der Untersuchungspersonen als geformt, 11 % als breiig und 14 % als teils fest und teils weich.

Effektive Mikroorganismen können vieles, aber sie bewirken keine Wunder. Als Anwender sollten Sie verstehen, dass es nicht ausreicht, EM täglich einzunehmen, sondern Sie müssen ihnen auch ein Milieu schaffen, in dem sie leben und sich vermehren können. Damit Sie einordnen können, ob Sie Verdauungsprobleme haben – manche sind nicht leicht zu erkennen –, folgt ein kleiner Exkurs zum Thema Stuhlgang. Hierbei gibt es vor allem drei wichtige Merkmale, anhand derer Sie einschätzen können, wie es um Ihre Darmflora bestellt ist:

- die Farbe,
- die Konsistenz,
- der Geruch.

Der Kot eines gesunden Menschen ist braun bis gelbbraun. Hat Ihre Ausscheidung eine andere Farbe, liegt es entweder an der gestrigen Mahlzeit (Spinat oder Rote Beete) oder es weist auf eine Erkrankung hin. Ist die ungewöhnliche Farbe von Dauer, konsultieren Sie am besten einen Arzt. Für die Einschätzung der Konsistenz gibt es die sogenannte *Bristol-Stuhlformen-Skala*. Sie enthält 7 Typen - von festen Kügelchen bis hin zu wässrigem Stuhlgang. Die physiologische Ausscheidung (Typ 4) ist eine glatte „Wurst", die weich genug ist, sodass sie ohne Mühe unseren Körper verlässt. Typ 3 hat ebenfalls die Form einer Wurst, gilt als normal, hat aber Risse auf der Oberfläche. Die Unterschiede in der Beschaffenheit kommen durch die unterschiedlich lange Darmpassagezeit zustande. Bei Verstopfung dauert die Verdauung bis zu 100 Stunden, bei Durchfall gerade einmal 10 Stunden.

Der Unterschied bei der als „normal" bezeichneten Häufigkeit des Stuhlgangs ist relativ hoch. Sie liegt zwischen dreimal täglich und dreimal wöchentlich, wobei die Konsistenz berücksichtigt werden sollte. Durch die Tabuisierung des Themas besteht der Irrglaube, dass jeder Stuhlgang normal ist, wenn man ihn nur täglich hat. Dem ist nicht so. Den Geruch des Stuhlgangs einzuschätzen, ist weniger einfach. Normaler Stuhlgang riecht unangenehm, aber er stinkt nicht. Der Geruch kann sich durch bestimmte Nahrungsmittel oder Erkrankungen verändern. Ein Beispiel: Riecht der Stuhlgang nach Schwefel, kann das an dem Konsum schwer verdaulicher Lebensmittel, wie Kohl oder Fleisch, liegen. Andere Gerüche sind bedenklicher. Bei saurem Geruch oder Geruch nach Ammoniak sollten Sie einen Arzt aufsuchen.

Häufig ist eine Fehlbesiedlung des Darms die Ursache für Verdauungsbeschwerden wie Blähungen, Durchfall und Verstopfung. Manche Menschen haben erst nach einer langen Therapie mit Antibiotika damit zu kämpfen, andere können sich an die Zeiten ohne Beschwerden nicht mehr erinnern. Grundsätzlich profitieren sie alle von einer Ernährungsumstellung, gefolgt von der Einnahme von EM-Präparaten. EM können zwar auch ohne eine Veränderung der Ernährung und des Lebensstils angewendet werden, die positiven Effekte werden sich aber nicht nachhaltig auf den Körper auswirken. Wenn Ihnen Ihre Darmgesundheit wichtig ist, dann beherzigen Sie folgende Empfehlungen:

- täglich mindestens 1,5 l trinken (Wasser oder ungesüßte Getränke)
- mehrfach wöchentlich mindestens 30 Minuten Bewegung oder Sport
- Konsum von Alkohol, Tabak, Fleisch, Koffein, Zucker und Fertigprodukten reduzieren
- mehr ballaststoffreiche Nahrungsmittel essen

Die zusätzliche Einnahme von EM oder probiotischen Nahrungsmitteln führt zu einer schnelleren Stabilisierung des positiven Milieus für nützliche Bakterien, was deren Stoffwechselprozesse ankurbelt.

Mit der Zufuhr von ungesättigten Fettsäuren sollten Sie es laut Studien der österreichischen Forscher Lisa Mayr und Timon Adolph (Mayr et al. 2020 & Adolph et al. 2022) nicht übertreiben. 2020 konnten sie an Experimenten mit Mäusen nachweisen, dass mehrfach ungesättigte Fettsäuren chronische Darmerkrankungen fördern können. Omega-3-Fettsäuren lösten Entzündungsreize im Darm der Mäuse aus. Die gleichen Ergebnisse konnte Timon Adolph 2022 für den Menschen bestätigen. Es zeigte sich aber auch, dass diese Aussage nicht für alle Menschen verallgemeinert werden kann, da Entzündungsreaktionen noch von weiteren Faktoren, wie dem Erbgut und Umwelteinflüssen, abhängig sind.

Wer einen vollständigen Neuanfang wagen will, kann eine Darmsanierung durchführen. Wichtig ist, dass der Darm in dieser Zeit nicht mit zu viel Essen belastet wird, sodass er sich regenerieren kann. Vorteilhaft wäre es, wenn Sie währenddessen fasten. Das heißt nicht, dass Sie in der Sanierungsphase nichts mehr essen dürfen. Sie verringern einfach Ihre Essensmenge stark und achten auf leicht bekömmliche, kaum gewürzte Speisen. Eine Forschergruppe (Chen et al. 2023) des Max-Planck-Instituts für Stoffwechselforschung konnte an Mäusen zeigen, dass eine kurze Fastendauer bereits Prozesse im Gehirn auslöst, die die Autophagie der Zellen in Gang setzt und gesundheitsfördernd wirkt.

Als **Autophagie** wird das körpereigene Recyclingsystem bezeichnet. Hierbei werden Zellen von defekten oder beschädigten Bestandteilen gereinigt. Dies hat unter anderem eine hemmende Wirkung auf die Entzündungsprozesse im Körper.

Sollten Sie sich für das Fasten entscheiden, kann währenddessen die Reinigung des Darms zusätzlich mit natürlichen Abführmitteln unterstützt werden. Wenn Sie eine Neubesiedlung mit nützlichen Bakterien anstreben, ist eine Darmreinigung empfehlenswert, da hierdurch fäulniserregende Bakterien und deren Nahrungsgrundlage (versteckte Reste von halbverdautem organischem Material) aus dem Darm geschleust werden. Wenn Sie das erste Mal fasten, ist eine Dauer von 5 bis 7 Tagen ausreichend, um zu sehen, wie Sie damit zurechtkommen. Nach der Fastenwoche können Sie Ihre Kost dann langsam aufbauen. Achten Sie darauf, dass Sie die oben genannten Hinweise in Ihren neuen Lebensstil integrieren. Ab jetzt nehmen Sie täglich ein EM-Präparat zur Förderung der richtigen Besiedlung Ihres Darms ein. Dafür eignen sich sowohl speziell konzipierte Nahrungsergänzungsmittel als auch das EM-X-Gold-Fermentationsgetränk. Sie werden feststellen, dass Sie sich danach wohler fühlen und Ihre Verdauung besser arbeitet. Beschwerden wie Sodbrennen, Reizdarm oder Verstopfung gehören damit der Vergangenheit an.

Hinweise zum Fasten:

1. Fasten ist nicht geeignet, um dauerhaft an Gewicht zu verlieren. Es kann nur der Einstieg in eine gesündere Lebensweise sein.
2. Sollten Sie an Vorerkrankungen leiden, führen Sie eine Fastenkur nur unter Aufsicht Ihres Arztes durch. Sprechen Sie vorab mit ihm darüber, welches Programm für Sie geeignet ist.

Psychische Erkrankungen

Durch die wissenschaftlich belegte Verknüpfung von Darm und Gehirn, die sogenannte Mikrobiom-Darm-Hirn-Achse, vermuten Forscher, dass das Mikrobiom nicht nur das Immunsystem, sondern auch die Psyche des Menschen beeinflussen kann. Erste Hinweise ergaben Versuche an keimfreien Mäusen, denen Darmbakterien von depressiven Menschen übertrugen wurden. Sie entwickelten ein Verhalten, das mit der menschlichen Depression vergleichbar ist. Sie wurden antriebsloser und zeigten kaum Interesse an ihrem Umfeld im Vergleich zu gesunden Mäusen. Wissenschaftler der Universität Basel (Schaub et al. 2022) nahmen diese Hinweise zum Anlass für ein neues Studiensetting. Sie konnten in einer kleinen randomisierten Kontrollstudie deutliche positive Effekte durch die tägliche Einnahme von Probiotika zeigen. Die Probanden waren alle in stationärer Behandlung in einer psychiatrischen Klinik. Neben der Behandlung mit Antidepressiva erhielt eine Gruppe zusätzlich ein Probiotika-Präparat. Die Kontrollgruppe erhielt ein Placebo. Zu Beginn und am Ende der Studie, nach 31 Tagen, wurden verschiedene Tests gemacht und Stuhlproben untersucht. Das Ergebnis: Die depressiven Symptome verbesserten sich bei der Probiotika-Gruppe deutlich stärker.

In den Stuhlproben konnte eine signifikante Zunahme von Milchsäurebakterien nachgewiesen werden, die die Forscher mit der Symptomverbesserung in Verbindung bringen. Eine vierwöchige Behandlung mit Probiotika ist allerdings nicht ausreichend. Bei den Testpersonen wurde vier Wochen nach Studienabschluss festgestellt, dass die Konzentration der Milchsäurebakterien wieder abnahm. Die Kolonisation war noch nicht stabil, was für eine längere Anwendung von probiotischen Nahrungsergänzungsmitteln spricht. Die Studienergebnisse könnten richtungsweisend in der Behandlung psychischer Erkrankungen sein. In einer Übersichtsarbeit verglichen McKean et al. (2017) die Ergebnisse von sieben früheren Studien zur Fragestellung, wie Probiotika auf verschiedene psychologische Erkrankungen wirken. Auch hier bestätigten die Ergebnisse, dass Lebensmittel mit lebenden Mikroorganismen Symptome wie depressive Stimmungslagen, Ängste und ein hohes Stressempfinden reduzieren können. Da die Forschung noch am Anfang steht, lassen sich keine allgemeingültigen Empfehlungen machen. In Hinblick auf EM kann jedoch daraus geschlussfolgert werden, dass diese ähnlich positive Effekte auf psychische Symptome haben, da sie Milchsäurebakterien enthalten – wie die Probiotika in den Studien.

Tipp: Wenn Sie an depressiver Verstimmung, unbegründeten Ängsten oder Dauerstress leiden, trinken Sie täglich 20 ml EM-X-Gold-Fermentationsgetränk. Testen Sie, ob es Ihnen hilft.
Notieren Sie sich täglich in einem Stimmungstagebuch oder einer Stimmungstracking-App, wie es Ihnen geht. Nach 3 bis 4 Wochen beobachten Sie an sich vermutlich die ersten positiven Veränderungen.

https://bernardzitzer.com/de/die-15-besten-mood-tracking-apps/

Wundversorgung mit EM

Jeder Mensch hat hin und wieder eine Wunde. Eine Wunde kann eine kleine Stich- oder Schnittverletzung sein, die schnell von allein abheilt. Eine Wunde kann aber auch chronisch sein. Davon sprechen Mediziner, wenn sie nach vier bis zwölf Wochen immer noch unverändert oder sogar entzündet ist. Grund dafür sind Wundheilungsstörungen, die durch bestimmte Stoffwechselerkrankungen, wie Diabetes mellitus, oder durch Keime verursacht werden können.

Im Bereich der Wundversorgung ist es schwer vorstellbar, dass Bakterien bei der Genesung unterstützen können. Denn die falschen Keime in einer Wunde sorgen für Schwellungen, Schmerzen und eitriges Sekret – alles Symptome, die der Betroffene verhindern will. Da Mikroorganismen immer mehr in den Fokus der Wissenschaft rücken, haben sich aber auch in diesem Bereich Forscher gefragt, welche Auswirkungen nützliche Bakterien haben können. Ein Team der Universität Tübingen (Luqman et al. 2020) entdeckte, dass ein bestimmter Bakterienstamm, der natürlicherweise zum menschlichen Hautmikrobiom gehört, Spurenamine produziert. Spurenamine entstehen, vereinfacht gesagt, durch chemische Reaktionen mit Aminosäuren im menschlichen Organismus. Während der Studie konnte festgestellt werden, dass die Hautzellen bei einer Verletzung aufgrund der Stresssituation Adrenalin ausschütten. Dieser hemmt die Beweglichkeit der Zellen, die für die Heilung benötigt werden. Das Verschließen der Wunde wird verzögert. Bei Experimenten an Mäusen zeigte sich dann, dass Spurenamine diesem Prozess entgegenwirken und die Wundheilung beschleunigen können. Einen anderen Weg schlugen Schweizer Forscher des interdisziplinären Forschungsinstituts Empa ein (Li et al. 2023). Sie entwickelten einen probiotischen Wundverband mit Milchsäurebakterien. Hintergrund der Idee ist, dass Milchsäurebakterien ein saures Milieu erschaffen und damit krankheitserregende Keime, die einen basischen pH-Wert zum Leben benötigen, verdrängen. Die Forscher konnten im Labor sehr gute Ergebnisse erzielen, sowohl bei einer mit Milchsäurebakterien integrierten Wundauflage auf einer Kulturschale als auch auf einer künstlichen Wunde, die aus kleinen menschlichen Gewebeproben erzeugt wurde. Die probiotische Wundauflage reduzierte die schädlichen Keime um 99,9 %. Weitere Analysen und klinische Studien stehen noch aus. Die bisherigen Ergebnisse geben Betroffenen Hoffnung.

Daran zeigt sich, dass eine antimikrobielle Behandlung von Wunden nicht zwingend notwendig ist. Wunddesinfektionsmittel und Antibiotika kommen schnell an ihre Grenzen. Was danach bleibt, ist ein gestörtes Mikrobiom im Darm und schlimmstenfalls ein resistenter Keim in der Wunde, der die Heilung noch mehr erschwert. Durch die positiven Effekte von Milchsäurebakterien auf das Heilungsgeschehen ist es denkbar, dass die Nutzung von EM-Produkten ebenfalls zu einer Verbesserung der Regenerationsfähigkeiten führen können.

Durch eine orale Einnahme stärken Sie den Körper und das Immunsystem im Allgemeinen. Durch eine Anwendung auf der Wunde können Sie den pH-Wert des Milieus dahingehend verändern, dass sich krankmachende Keime nicht mehr ansiedeln können. Wenn Sie aufgrund der geringen Datenlage unsicher sind, testen Sie es zunächst bei einer kleinen Wunde, beispielsweise einem Schnitt im Finger, aus. Erzielen Sie gute Ergebnisse und haben keine Nebenwirkungen, können Sie es auch auf größeren Wunden ausprobieren. Hier gilt wie bei vielem: Probieren geht über Studieren.

ⓘ

Tipp: Probieren Sie es aus. Reinigen Sie eine kleine Schnitt- oder Schürfwunde vorsichtig mit in Wasser verdünntem EM-blond (mindestens 1:1). Sie können die Lösung über die Wunde laufen lassen oder mit einer Sprühflasche verteilen. Decken Sie die Wunde mit einem Pflasterverband ab, den Sie ebenfalls mit der Lösung einsprühen und feucht halten. Wiederholen Sie die Prozedur ein- bis zweimal täglich.

EM-Produkte und ihre Anwendung in der Praxis

In den bisherigen Kapiteln haben Sie viel Hintergrundwissen zur Wirkungsweise von EM und Beispielanwendungen vermittelt bekommen. In diesem Kapitel erfahren Sie konkret, wie Sie bestimmte EM-Produkte gezielt einsetzen können. Dabei orientiert sich dieser Ratgeber an den Originalprodukten von Prof. Dr. Higa, in Deutschland vertrieben durch EMIKO, und deren Anwenderhinweisen. Eine Aussage zur Qualität der Produkte im Vergleich zu anderen Herstellern soll dadurch nicht gegeben werden. Bei der Erarbeitung des Kapitels wurden keine Produkttests durchgeführt.

EM-Anwendungen im Haus

Anwendungsfall 1:
Für die **Haushaltsreinigung** hat EMIKO drei Allzweckreiniger, einen Badreiniger und einen Kraftreiniger im Angebot. Allzweck- und Kraftreiniger sind Konzentrate, die vor der Anwendung verdünnt werden müssen. Der Badreiniger kann sofort angewendet werden. Je nach Größe des Zimmers und Art der Verschmutzung unterscheidet sich die Dosierung.

• Zum Reinigen **glatter Oberflächen**, wie Arbeitsplatte, Fliesen und Böden, verdünnen Sie 10 bis 100 ml Reinigungskonzentrat mit 1 Liter Wasser. Beachten Sie, dass das Wasser nicht wärmer als 40 °C sein sollte, sonst sterben die Effektiven Mikroorganismen ab.

• Gegen Ablagerungen, Fettrückstände und unangenehme Gerüche geben Sie ein paar Tropfen des Kraftreinigers auf ein Tuch und befeuchten die betroffenen Stellen. Lassen Sie den Kraftreiniger pur ein paar Minuten einwirken, bevor Sie mit der Säuberung beginnen. Diese Vorgehensweise eignet sich zum Beispiel für **Abflüsse, Dunstabzugshauben und Abfalleimer**.

• **Kalkablagerungen im Badezimmer** in Dusche, Badewanne und Waschbecken sprühen Sie direkt mit dem EMIKO-Badreiniger ein und reinigen diese mit einem Putzlappen oder Schwamm, wie bei herkömmlichen Reinigern.

• Die **Toilette** können Sie präventiv behandeln, indem Sie täglich 10 bis 20 ml des Allzweckreinigers in das Wasser des Spülkastens geben.

• Zur Reinigung von Haushaltsgeräten wie **Waschmaschine, Trockner und Geschirrspüler** können Sie EM ebenso verwenden. Sie wirken gegen Kalkablagerungen und sorgen für freie Abflussrohre. Den Geschirrspüler lassen Sie regelmäßig mindestens einmal pro Monat ohne Beladung zur Reinigung laufen und geben 20 bis 30 ml eines EMIKO-Allzweckreinigers dazu. Bei der Waschmaschine geben Sie 20 bis 30 ml bei jedem Waschgang hinzu, was das Waschergebnis verbessert und den Verbrauch von Waschmittel reduziert. Zur Reinigung des Trockners von Staub und Flusen sprühen Sie Dichtungen und Trommel mit einer Lösung aus 10 bis 100 ml Allzweckreiniger auf 1 Liter Wasser ein.

• In Wohn- und Schlafzimmer können Sie EMIKO-Allzweckreiniger gegen Staub, Milbenkot, Schimmel und unangenehme Gerüche anwenden. Sprühen Sie dafür den verdünnten Allzweckreiniger (10 bis 100 ml auf 1 Liter Wasser) auf **Polstermöbel, Teppiche, Gardinen und Matratzen** und lassen Sie diese gut trocknen.

Anwendungsfall 2:
Zur Pflege von **Aquarien** gibt es Bio AquariumKlar, ein umfassendes Pflegeprodukt zur Verbesserung der Selbstreinigung, Verringerung von Krankheitserregern und einer natürlichen Regulierung des Algenwachstums. Dadurch geht es Fischen und Wasserpflanzen allgemein besser und Sie müssen seltener das Wasser im Aquarium wechseln. Bio AquariumKlar Plus kann zusätzlich verwendet werden, um die Wirkung zu verstärken. Die Anwendung wird folgendermaßen empfohlen:

• **Wann?** Bei jedem Wasserwechsel

• **Was?** 2 Liter Wasser mit 30 ml Bio AquariumKlar und 30 ml Bio AquariumKlar Plus

• **Wie?** Langsames Hinzufügen über die Filterströmung

• **Zusätzlich**: Eine Woche später erneut 30 ml Bio AquariumKlar verdünnt in 1 Liter Wasser über die Filterströmung ins Aquarium laufen lassen

• **Hinweis**: Die Angaben beziehen sich auf ein Volumen von 100 Litern
Positive Auswirkungen kann auch die Verwendung von EM-Keramikgranulat oder EM-X-Keramikpipes haben. Mischen Sie diese einfach in den Aquariensand.

Anwendungsfall 3:
Beim **Renovieren** verwenden Sie EM-Keramikpulver, um das Raumklima zu verbessern und Geruchsbildung zu verringern. Beim Anmischen von Zement, Putz oder Estrich unterstützt EM-Keramikpulver ein schnelleres Aushärten der Bausubstanzen, wodurch die Bauarbeiten schneller vorangehen können. So geht's:

- **Estrich und Putz:** Mischen Sie anteilig 0,1 % EM-Keramikpulver und 0,2 % EM-1 oder EM-blond hinzu.
- **Zement**: Mischen Sie anteilig 0,2 % EM-Keramikpulver und 0,5 % EM-1 oder EM-blond hinzu.
- **Wandfarbe**: Mischen Sie 0,1 bis 0,3 % EM-Keramikpulver und 1 % EM-blond hinzu.

Beispielrechnung: Sie möchten einen 20 qm großen Raum streichen. Dafür benötigen Sie 40 Liter Farbe.

Berechnung EM-Keramikpulver (in Gramm):
40 Liter x 0,1 % = 0,04 Liter = 40 g

Berechnung EM-blond (in Milliliter):
40 Liter x 1 % = 0,4 Liter = 400 ml

Für Ihre Malerarbeiten mischen Sie der Wandfarbe zusätzlich 40 g EM-Keramikpulver und 400 ml EM-blond bei.

Auch bei einem anderen eher unangenehmen Problem sind Effektive Mikroorganismen äußerst hilfreich: der **Behandlung von Schimmel** in den Wänden. Um Schimmel vorzubeugen oder die Ausbreitung zu verhindern und betroffene Bereiche davon zu befreien, nutzen Sie einen EM-Allzweckreiniger oder EM-Keramikpulver und EM-blond. Verdünnen Sie 5 bis 10 ml des Allzweckreinigers mit 1 Liter Wasser und besprühen Sie betroffene Wände je nach Ausbreitung täglich. Die präventive Behandlung ist einmal wöchentlich ausreichend. Alternativ können Sie 0,6 g EM-Keramikpulver in 200 ml EM-blond mischen und die Flüssigkeit täglich auf die schimmeligen Stellen sprühen. Bitte berücksichtigen Sie, dass EM durch die Veränderung des pH-Werts die Schimmelpilze, aber nicht die Ursache für die Schimmelbildung bekämpft. Sobald Sie mit der Anwendung längere Zeit pausieren, kann der Schimmel zurückkehren. Achten Sie darauf, dass die Luftfeuchtigkeit in den Wohnräumen nicht zu hoch ist. Dies begünstigt Schimmelbildung. Lüften Sie regelmäßig und heizen Sie alle Zimmer auf mindestens 16 °C. Eine fachgerechte Beratung erhalten Sie bei einem Sachverständigen vor Ort oder beim Netzwerk Schimmelpilzberatung des Umweltbundesamts.

https://www.umweltbundesamt.de/themen/gesundheit/umwelteinflusse-auf-den-menschen/schimmel/netzwerk-schimmelpilzberatung

EM-Anwendungen im Garten

Prof. Dr. Higa entwickelte die Effektiven Mikroorganismen zuerst für den Garten- und Landschaftsbau. Daher finden sich in diesem Segment viele verschiedene Produkte, die helfen, die Bodeneigenschaften zu verbessern und Ihre Pflanzen vor Schnecken und anderen Schädlingen zu schützen. Zudem sind die Bodenhilfsstoffe ökologisch und nachhaltig, da sie keine Pestizide oder künstliche Dünger enthalten. Durch die Förderung von symbiotischen Pilzgeflechten wird der Boden tragfähiger und hat dadurch bei starken Regenfällen eine geringere Erosionsgefahr.

Anwendungsfall 1:
Für den **Garten** hat EMIKO verschiedene flüssige Bodenhilfsstoffe, flüssige und feste Dünger sowie Pflanzenstärkungsmittel im Sortiment. Sie können entscheiden, ob Sie die Ursprungslösung EM-1 oder ein spezialisiertes Produkt nutzen. Für alle **flüssigen Bodenhilfsstoffe** gelten von EMIKO die gleichen Empfehlungen. Mischen Sie diese mit Wasser im Verhältnis 1:50 und gießen Sie Gemüsepflanzen, Obstbäume und -sträucher, Rasen und Blumen damit. Stellen Sie die Lösung immer frisch her und verbrauchen Sie diese innerhalb eines Tages. Als Intervall wird für Gartenpflanzen mindestens drei- bis fünfmal während des Pflanzenwachstums gegossen. Für Balkon- und Kübelpflanzen wird eine monatliche Ausbringung angegeben.

Der **flüssige Mikrodünger** besteht aus schnell und langsam verfügbaren Nährstoffen, sodass die Wirkung über einen längeren Zeitraum anhält. Mit der regelmäßigen Anwendung von EM-Mikrodünger wird der Boden nährstoffreicher, was die Robustheit der Pflanzen steigert und sie widerstandsfähiger gegen Umweltereignisse wie Trockenheit oder Starkregen macht. Verdünnen Sie dafür 5 bis 10 ml des Mikrodüngers mit 1 Liter Wasser und gießen Sie Ihre Pflanzen alle 1 bis 2 Monate damit. Die Häufigkeit hängt von den jeweiligen Eigenschaften ab. Schwachzehrende Pflanzen wie Kräuter, Bohnen und Radieschen müssen nur alle 2 Monate gedüngt werden. Starkzehrende Pflanzen wie Tomaten, Kartoffeln und Kürbis benötigen viele Nährstoffe und sollten monatlich mit der Lösung gegossen werden.

Gut zu wissen: Schwachzehrende Pflanzen benötigen weniger Nährstoffe als starkzehrende Pflanzen. Die Eigenschaft bezieht sich darauf, wie viele Nährstoffe die Pflanze dem Boden entzieht, wie stark sie ihn also auszehrt.

Alternativ können Sie zu **festen EM-Düngern** greifen. Mit dem Urgesteinsmehl aus silikatischem Urgestein fügen Sie der Erde viele wertvolle Mineralien hinzu. Fester EM-Gartendünger enthält lebende Effektive Mikroorganismen, fördert die Humusbildung, erhöht das Bodenleben und sorgt für eine optimale Nährstoffversorgung der Pflanzen. EM-Substratkohle verbessert die Struktur der Böden, baut dauerhaft Humus auf und kann zur Geruchsneutralisierung im Komposthaufen oder Bokashi-Eimer verwendet werden. Zudem können Sie fertigen Bokashi-Dünger aus Getreidespelzen und Bokashi-Schwarzerde erwerben. Beides wurde mit EM fermentiert. Da Bokashi sehr nährstoffreich ist, kann er häufiges Düngen ersetzen und stellt eine nachhaltige Alternative zu vielen synthetischen Düngemitteln dar. Feste EM-Dünger streuen Sie einfach auf die Erde oder Sie bringen sie beim Auflockern in die Erde ein. Die Menge ist davon abhängig, wie viele Nährstoffe Ihre Pflanzen benötigen. Daher kann sie zwischen 100 und 350 g pro Quadratmeter liegen.

Anwendungsbeispiele für festen EM-Gartendünger:

- Beerensträucher: bis zu 350 g/qm
- Obstbäume: bis zu 200 g/qm
- Rasen: bis zu 200 g/qm
- Mittelzehrer (wie Spinat, Möhren und Rote Beete): bis 180 g/qm

Böden, auf denen Sie Gemüsepflanzen oder Kräuter aussäen, sollten Sie 14 Tage vorher düngen. Rasenflächen und Wiesen behandeln Sie drei- bis viermal im Jahr. Beerensträuchern, Obstbäumen und anderen Hölzern mischen Sie den Dünger im Frühjahr leicht unter die obere Erdschicht. Substratkohle können Sie ähnlich anwenden, beschränken Sie sich im Allgemeinen aber auf eine Menge von 100 g/qm, unabhängig von der Pflanzenart.

Bei der Anwendung von **Bokashi** müssen Sie zusätzlich beachten, dass aufgrund der Fermentation mit EM der pH-Wert sehr sauer ist. Bei direktem Kontakt mit den Wurzeln kann es daher zu einer Schädigung der Pflanze kommen. Es gibt mehrere Möglichkeiten, Bokashi im Garten zu nutzen. Für den Fall, dass Sie ein EM-Einsteiger sind, gehen wir auf die einfachste Methode ein. Hierbei bringen Sie den Bokashi ins Beet ein, wenn keine Pflanzen darin wachsen – also vor der Aussaat und nach der Ernte. Dadurch schaffen Sie ein gutes Umfeld für die Mikroorganismen im Boden, die später das Wachstum Ihrer Gemüsepflanzen fördern werden. Im Frühling beginnen Sie mit der Behandlung des Bodens, wenn die Bodentemperatur regelmäßig 8 °C erreicht. Lockern Sie den Boden auf und harken Sie den Bokashi in die oberste Erdschicht. Gießen Sie den Gartenboden mit einer Lösung Wasser und EM-1 oder EMa. Zwei bis drei Wochen später können Sie mit dem Bepflanzen starten. Um dem Boden nach der Ernte Nährstoffe zurückzugeben, arbeiten Sie Pflanzenrückstände und wenig Bokashi in die Erde ein. Mulchen Sie danach mit Laub, Stroh oder Rasenschnitt und bewässern Sie es mit einer EM-Gießlösung. Dadurch erhalten Sie auch über den Herbst und Winter die Bodenorganismen, die Erde kann sich erholen und neue Nährstoffe aufbauen, um auch im nächsten Jahr kräftige und ertragreiche Pflanzen hervorzubringen.

Anwendungsbeispiele für Bokashi:

- Im Frühling: 200 g bis 500 g Bokashi pro qm
- Im Herbst: 50 g bis 100 g Bokashi pro qm
- Für die Gießlösung: 1 Liter Wasser und 20 ml EM-1 oder EMa

Das **Pflanzenstärkungsmittel** EMIKO PflanzenFit fördert die Gesundheit und Widerstandskraft Ihrer Pflanzen und kann zusätzlich angewendet werden, um Schädlingsbefall vorzubeugen. Dafür verdünnen Sie 3 bis 5 ml des Mittels mit 1 Liter Wasser und besprühen alle sichtbaren Pflanzenteile von oben und unten. Achten Sie darauf, nicht in die Blüten zu sprühen. Wenden Sie die Sprühlösung vorsorglich 1- bis 2-mal wöchentlich an. Besteht bereits ein Schädlingsbefall, können Sie das Intervall erhöhen.

Anwendungsfall 2:
Für alle, die in ihrer grünen Oase einen Gartenteich angelegt haben, könnten Produkte zur **Teichpflege** interessant sein. EMIKO bietet dafür Bio Teichpflege, Bio Teichpflege PLUS und Bokashi Balls an. In Gartenteichen sorgen Effektive Mikroorganismen für Ausgeglichenheit. EM helfen beim Abbau von Phosphaten und reduzieren dadurch deutlich die Algenbildung. Sie verdrängen schädliche Mikroorganismen und fördern die Vermehrung positiver Teichbakterien. Eine regelmäßige Anwendung verbessert die Filterleistung und sorgt für klares Wasser. Der Bildung von Schlamm wird entgegengewirkt. Um die Regeneration des Gewässers zu unterstützen, können Sie zusätzlich mit EM-X-Keramikpipes arbeiten. Abhängig vom Produkt unterscheidet sich die Anwendung. EMIKO Teichpflege verdünnen Sie vor der Anwendung im Verhältnis 1:10 und geben es dann ins Teichwasser. Für Garten-, Fisch- und Schwimmteiche ist eine vierzehntägige Einbringung angebracht. Sinnvoll sind 0,5 Liter Teichpflege auf 10 Kubikmeter Wasser. Bei stark belasteten Teichen verdoppeln Sie die Menge. EMIKO Teichpflege PLUS können Sie verwenden, um die Wirkung der EM-Teichpflege zu verstärken. Geben Sie dafür zur oben angegebenen Lösung 50 bis 100 ml Teichpflege PLUS hinzu. Die Anwendung von EM Bokashi Balls ist sehr einfach und eignet sich auch gut für stehende Gewässer und Teiche in Gemeinden und Parks. Ist das Teichwasser sauber und kaum verschlammt, reicht es, ein- bis zweimal jährlich einen halben Bokashi Ball pro Quadratmeter Wasseroberfläche einzubringen. Bei starker Verschlammung ist die Anwendung monatlich durchzuführen.

Anwendungsbeispiel für die Teichpflege
Sie möchten einen Teich präventiv behandeln, der 5 x 12 m groß ist. Die durchschnittliche Tiefe ist 1,5 m. Die Wasseroberfläche beträgt demnach 60 qm. Das Teichvolumen ergibt 90 Kubikmeter, also umfasst der Teich 90.000 Liter.

EMIKO Teichpflege: 1 Liter pro 20 Kubikmeter Wasser
→ 90 : 20 = 4,5
→ Ergebnis: Sie benötigen pro Anwendung 4,5 Liter Teichpflege.
EMIKO Teichpflege PLUS: 100 ml pro 1 Liter EMIKO Teichpflege
→ 100 x 4,5 = 450
→ Ergebnis: Sie benötigen zusätzlich 450 ml Teichpflege PLUS pro Anwendung.
EMIKO Bokashi Balls: 1 Bokashi Ball pro 2 qm Wasseroberfläche
→ 60 : 2 = 30
→ Ergebnis: Sie benötigen pro Anwendung 30 Bokashi Balls.

EM-Anwendungen in der Tierhaltung

Im Bereich Tierpflege bieten EMIKO und andere Hersteller Produkte an, die speziell für bestimmte Tierarten konzipiert wurden. So finden sich EM-Mittel für Hunde und Katzen, Pferde und Bienen. Für alle anderen Tiere wird die Anwendung von EM-blond in unterschiedlicher Dosierung angeraten.

Anwendungsfall 1:
Die Produktreihe EMIKO PetCare wurde speziell an den Bedürfnissen von **Hunden und Katzen** ausgerichtet. Diese können grob den Bereichen Futtermittel, Fellpflege und Hygiene untergeordnet werden. Die Futtermittel bieten Ihrem Haustier viele wichtige Nährstoffe wie Vitamine und Antioxidantien. Zudem verbessern die EM das Milieu im Darm und fördern eine natürliche und gesunde Verdauung. Sie verbessern den Allgemeinzustand, sodass Ihr Hund oder Ihre Katze wieder fitter ist. Die Tiere werden widerstandsfähiger gegen Schädlinge und Erkrankungen.

Es gibt ein flüssiges und ein festes Futtermittel, die unter das übliche Futter gemischt werden können. Die Anwendungsempfehlung ist bei beiden Artikeln identisch. Für Hunde wird 1 Teelöffel Futtermittel pro 5 kg Gewicht empfohlen. Bei Katzen beläuft sich die Dosierung auf 1 bis 2 Teelöffel pro 5 kg Gewicht.

Für eine optimale Haut- und Fellpflege gibt es ebenfalls ein Produkt mit EM. Es unterstützt den Schutzmantel der Haut gegen Krankheitserreger. Die Haut wird geschmeidiger, das Fell bekommt einen besseren Glanz und lässt sich leichter kämmen. Das Fellpflegemittel ist flüssig und sollte verdünnt werden. Geben Sie dafür 2 Teelöffel des EM-Pflegemittels in 100 ml handwarmes Wasser. Sprühen Sie dann das Fell Ihres Tieres sorgfältig damit ein. Wenn Ihr Haustier das Besprühen nicht toleriert, können Sie es auch mit einem mit der Lösung angefeuchteten Lappen aufreiben. Mit EM-Ohrentropfen für Haustiere können Sie das Mikrobiom in den Ohren positiv fördern und entzündungsfördernde Stoffe und Bakterien reduzieren. Wenden Sie es bei Irritationen und Entzündungszeichen an. Träufeln Sie dafür ein- bis dreimal täglich einen Tropfen in das betroffene Ohr und massieren Sie es leicht mit einem Baumwolltuch ein.

Sicher hat Ihr Tier seinen Lieblingsplatz, einen Schlafplatz, Spielzeug und Futternäpfe. In all diesen Bereichen können sich Bakterien negativ auswirken. Und überall dort, wo Ihr Tier gern ist, bilden sich unangenehme Gerüche, wenn Sie nicht regelmäßig saubermachen. Zur Geruchsneutralisierung und für ein positives Lebensumfeld und Wohlbefinden können Sie das EMIKO-PetCare-Umgebungsspray nutzen. Im Gegensatz zu Desinfektionsmitteln und aggressiven Reinigern arbeiten Sie mit guten Mikroorganismen und nicht gegen sie. Dadurch ergeben sich Synergieeffekte. Die Effektiven Mikroorganismen breiten sich wohlwollend aus und verdrängen krankheitserregende Keime.

Ihr Tier ist seltener krank. Durch den Abbau organischen Materials, wie Tierhaare, Speichelreste und Schuppen, kommt es zu weniger starken Gerüchen. Das Umgebungsspray ist leicht in der Anwendung. Sprühen Sie es ein- bis zweimal am Tag auf Schlaf- und Liegeplätze, Katzentoilette und Futternäpfe.

Anwendungsfall 2:
Reiten ist für viele Menschen nicht einfach nur ein Hobby. Ein **Pferd** ist ein treuer Begleiter und Freund, zu dem Sie eine ganz besondere Beziehung haben. Pferde benötigen viel Aufmerksamkeit und Pflege und sie spüren, wenn diese ihnen entgegengebracht wird. Wenn Sie zur Pflege Ihres Pferdes nur auf nachhaltige und naturbelassene Produkte zurückgreifen wollen, sind EM-Pferdeprodukte das Richtige. Für Pferdebesitzer gibt es ebenfalls flüssige und feste Futtermittel, EM-X-Keramikpipes zur Verbesserung der Wasserqualität, Fell- und Hautpflegeartikel und Stallreiniger mit EM. Für die tägliche Fütterung wird ein Zusatz von 10 ml des flüssigen oder 20 g des festen Futters pro 100 kg Gewicht empfohlen. Das feste Futtermittel besteht aus Bokashi und ist ein Ferment aus Getreide und Kräutern. Als Ergänzung gibt es ein Futter, HorseCare Bokashi PLUS, das Sie bei Ernährungsumstellungen und nach dem Abfohlen für eine kurze Zeit für maximal 2 Wochen zusätzlich geben können. Es hat entzündungshemmende Eigenschaften und fördert die Harmonisierung einer gestörten Verdauungstätigkeit. Geben Sie für 7 bis 14 Tage 15 g Bokashi Plus pro 100 kg Gewicht.

Für eine bessere Wasserqualität zum Tränken können Sie dem Bottich EM-X-Keramikpipes zugeben. Der Vorteil ist, dass das Wasser länger sauber bleibt und die Algenbildung reduziert wird. Die Schwingungen der EM, die Ihr Pferd mit aufnimmt, ist ausgeglichener. Durch die bessere Wasseraufnahme werden Stoffwechselprozesse gefördert. Ihr Pferd wird vitaler. Legen Sie dafür ein großes EM-X-Keramikpipe in einen 500-Liter-Bottich. Befestigen Sie ihn aber am Rand, damit Ihr Pferd ihn nicht verschluckt.

Für die regelmäßige Fellpflege eignet sich die flüssige EM-Fellkur. Die Anwendung ist einfach und Sie unterstützen die Schutzbarriere der Haut vor krankmachenden Keimen. Verdünnen Sie das Mittel im Verhältnis 1:5 mit Wasser und sprühen Sie das Fell sorgfältig ein. Bei hartnäckigen Verschmutzungen können Sie es gezielt auch unverdünnt anwenden und einwirken lassen. Bei Schädigungen der Haut empfiehlt sich die vorherige Anwendung einer speziellen EM-Pflegecreme. Dadurch regeneriert die Haut schneller und Juckreiz wird gemindert. Die Creme soll nur punktuell und nicht großflächig verwendet werden. Tragen Sie sie täglich auf, bei Bedarf auch mehrfach täglich.

Als Pferdebesitzer ist Ihnen das Wohlergehen Ihres Pferdes wichtig. Dazu gehören neben Futtermitteln und Pflegeprodukten auch Hygienemaßnahmen. In diesem Kontext gibt es auf dem Markt einen EM-Stallreiniger. Dieser empfiehlt sich besonders für geschlossene Pferdeställe, die häufig stechend riechen. Durch fehlende Belüftung bildet sich Feuchtigkeit, die in ungünstigen Konstellationen zu schädlichen Gasen führen kann. Diese wiederum fördern Fäulnisprozesse und ein schädliches Klima im Stall. Effektive Mikroorganismen können helfen, die Bildung schädlicher Stoffe zu reduzieren, indem sie organisches Material abbauen und so die Basis für Krankheitserreger zersetzen. Um dauerhaft einen positiven Effekt zu bewirken, wird zweimal jährlich eine Grundreinigung empfohlen. Abhängig von der Haltungsform sollten Sie zusätzlich wöchentlich oder monatlich mit einer Verdünnung reinigen.

Anwendungsbeispiel Stallreiniger

- Grundreinigung: unverdünnt, 2 x jährlich, Verteilung im Stall mittels Drucksprühgerät
- Regelmäßige Reinigung (Box): Verdünnung mit Wasser 1:10, 1 x wöchentlich, Verteilung im Stall mittels Drucksprühgerät
- Regelmäßige Reinigung (Offener Stall): Verdünnung mit Wasser 1:10, 1 x monatlich, Verteilung im Stall mittels Drucksprühgerät

Anwendungsfall 3:
Bienen sind wichtig für die Artenvielfalt. Durch das Bestäuben von Pflanzen können diese erst Früchte tragen und dadurch auch Mensch und Tiere ernähren. Damit ein Bienenvolk gesund bleibt und seine Arbeit verrichten kann, ist es wichtig, die Haltungsbedingungen und Umwelteinflüsse, denen die Bienen ausgesetzt sind, zu berücksichtigen. Zur Verbesserung des Umfelds und der Bienengesundheit hat Prof. Dr. Higa ein Bienenpflegemittel auf Basis von EM entwickelt. Dieses fördert die Besiedlung der Bienenstöcke mit förderlichen Bakterien und reduziert so Krankheitserreger. EM Probiotic für Bees wird mit Wasser zwanzigfach verdünnt und dann durch Sprühen im Bienenstock, Rahmen und Flugbrett verteilt. Die Mischung sollten Sie innerhalb von 2 Tagen verbrauchen und immer wieder frisch ansetzen.

Anwendungsfall 4:
Für **Kleintiere**, wie Nagetiere, Fische und Vögel, gibt es wenige speziell entwickelte Produkte. Der Hersteller DIMIKRO empfiehlt die Anwendung von EM-blond in verschiedenen Dosierungen in Abhängigkeit vom Tier. EM fördern auch hier ein positives Umfeld und das Wohlbefinden der Tiere, sie unterstützen eine gesunde Verdauung und schützen Haut, Fell und/oder Federn vor schädlichen Einflüssen. Dabei können EM, wie auch bei großen Tieren, innerlich als Futtermittel oder äußerlich als Fellpflege oder Hygienemittel angewendet werden. Für die Stall- und Käfigreinigung verdünnen Sie 10 ml EM-blond mit 1 Liter Wasser und verteilen die Lösung durch eine Sprühflasche auf allen Oberflächen. Zudem hat DIMIKRO Ergänzungsfuttermittel und Pflegeprodukte für einzelne Tierarten. Für die zusätzliche Fütterung Ihres Nagers können Sie Mikrobiota Pets nutzen. Es versorgt Ihr Tier mit allen wichtigen Nährstoffen und sorgt für eine ausgeglichene Darmflora. Mischen Sie dafür zweimal täglich 2,5 g der Futterergänzung in das normale Futter. Zur Gefiederpflege bei Ziervögeln, wie Wellensittiche und Kanarienvögel, gibt es MikroVeda Care. Es ist rein pflanzlich und unterstützt die Selbstreinigung des Gefieders von Staub und Schuppen. Durch eine regelmäßige Anwendung können Sie außerdem einem Befall mit Parasiten vorbeugen. Dafür vermischen Sie 50 ml MikroVeda Care mit 500 ml Wasser und sprühen die Lösung auf das Gefieder Ihres Vogels.

EM-ANWENDUNGEN FÜR DIE KÖRPERPFLEGE UND GESUNDHEIT

Ein großer Anwendungsbereich von Effektiven Mikroorganismen bezieht sich auf den Menschen selbst. Mit den verfügbaren Produkten können Sie Ihre Ernährung positiv beeinflussen, Ihre Haut- und Körperpflege nachhaltig gestalten und Ihre Gesundheit verbessern.

Anwendungsfall 1:
Im Bereich der **Ernährung** ist es nicht nötig, eine radikale Ernährungsumstellung zu machen. Beginnen Sie damit, alltägliche Produkte durch EM-Produkte zu ersetzen. Am Markt erhältlich sind bereits EM-Pfeffer, EM-Schwarz- und Grüntee sowie EM-Kaffee. Diese Produkte wurden von zertifizierten Landwirten während der gesamten Wachstumsphase bis hin zur Ernte mit EM behandelt. Sie können sie im gleichen Verhältnis wie herkömmliche Artikel verwenden. EM-X Gold ist ein Erfrischungsgetränk, das durch einen mehrschrittigen Fermentationsprozess gewonnen wird. Am Ende enthält es keine lebenden Mikroorganismen mehr, hat aber alle positiven Informationen und Schwingungen der EM aufgenommen und gibt sie beim Verzehr an den Körper weiter. EM-Ur-Meersalz und EM-Meersalz Gold wurden nach der Gewinnung mit EM-X Gold versetzt. EM-X Gold selbst können Sie pur oder verdünnt trinken. Prof. Dr. Higa empfiehlt eine tägliche Trinkmenge von 10 bis 30 ml.

Anwendungsfall 2:
Wer EM-Produkte zur **Nahrungsergänzung** sucht, wird auch hier fündig. EMIKO hat zwei Nahrungsergänzungsmittel im Sortiment. EMIKOSAN kann für die ganze Familie verwendet werden und unterliegt keinen Einschränkungen. Durch den Fermentationsprozess entstehen wichtige Substanzen, wie Vitamine, Antioxidantien und Enzyme, die sich ganzheitlich positiv auf den Körper auswirken können. Die verwendeten Zutaten sind aus biologischem Anbau und ebenfalls für Veganer und Menschen mit Laktose- oder Glutenunverträglichkeit geeignet. Es kann pur oder verdünnt getrunken werden.

Anwendungsbeispiel für EMIKOSAN

- Erwachsene: 2 x 25 ml oder 1 x 50 ml; die maximale Tagesdosis liegt bei 50 ml
- Kinder: Die Dosierung ist abhängig vom Gewicht, je 10 kg Gewicht verabreichen Sie 5 ml, maximal jedoch höchstens 50 ml täglich.

Das Nahrungsergänzungsmittel EM-X Gold Minerals wird aus der Sango-Koralle hergestellt und enthält neben Calcium viele wichtige Mineralstoffe wie Magnesium. Calcium ist wichtig für den Aufbau und Erhalt unserer Knochen und Zähne. Als Dosierung wird für Erwachsene eine Menge von 9 Tabletten angegeben. Für Kinder ist es nicht geeignet.

Anwendungsfall 3:
Eine gute **Wasserqualität** ist für viele Menschen wichtig. In den meisten Regionen in Deutschland ist das Leitungswasser mittel bis hart. Das bedeutet, dass ein mittlerer bis hoher Kalkgehalt vorhanden ist. Dies wirkt sich negativ auf den Geschmack des Wassers aus. Zudem bewirkt es eine schnellere Verkalkung der Haushaltsgeräte. Hartes Wasser führt dazu, dass Menschen mehr Mineralwasser kaufen oder einen Wasserfilter benutzen, obwohl Leitungswasser in Deutschland grundsätzlich Trinkqualität hat. Diese Maßnahmen sind überflüssig, wenn Sie sich für EM-Resonanzkeramik entscheiden. Die EM-X-Keramik entsteht durch Fermentieren von Ton und EM-1 und EM-X Gold. Bei diesem Prozess geben die Mikroorganismen ihre positiven Schwingungen an den Ton weiter. Nach dem Brennvorgang bleiben diese erhalten und geben sie wieder an das Wasser ab. Zur qualitativen und geschmacklichen Verbesserung des Wassers legen Sie einfach ein paar EM-X-Keramikpipes in die Kanne. Diese sind wiederverwendbar. Nach 14 Tagen sollten Sie diese reinigen, indem Sie sie auskochen. Wenn Ihnen die Keramikpipes zu klein sind oder nicht gefallen, können Sie sich auch Keramik-Kagen kaufen. Diese bestehen aus der gleichen Resonanzkeramik und unterscheiden sich nur in Form und Größe. Dadurch sind sie auch gut zum Kochen verwendbar. Beim Kochen bewirken sie eine Intensivierung der Aromen und steigern die Haltbarkeit der Speisen. Der Kagen sollte nach jedem Kochen in heißem Wasser ausgekocht werden.

Anwendungsfall 4:
Bei der **Körperpflege** haben EM einen großen Wirkbereich. Daher gibt es eine erstaunliche Auswahl an speziellen EM-Pflegeprodukten. Dazu gehören unter anderem Waschlotion, Shampoo, Deo, Körperbutter, Gesichtscreme und Gesichtsmilch, Reinigungsmilch, Lippenpflege, Seife und Zahncreme. Die Bedeutung eines gesunden Hautmikrobioms wurde bereits in vorangegangenen Kapiteln erläutert, daher ist es nicht erstaunlich, dass EM auch hier zum Einsatz kommen. Effektive Mikroorganismen unterstützen die natürliche Barrierefunktion der Haut und wehren Fremdkörper und ungewünschte Eindringlinge ab. Durch die Verwendung natürlicher Rohstoffe bleibt die Regulierungsfunktion der Haut erhalten. Ein Austrocknen wird verhindert. Alle EM-Pflegeprodukte eignen sich zur täglichen Anwendung. So können herkömmliche Produkte einfach ersetzt werden. Die Zahncreme besteht aus Rügener Heilerde, die, je nach Hersteller, Fluorid enthalten kann. Neben den herkömmlichen Vorteilen einer regelmäßigen Mundhygiene trägt EM-Zahnpasta dazu bei, die positive Bakterienbesiedlung zu erhalten, schädliche Zahnbelege zu verringern und sensibles Zahnfleisch zu beruhigen. Wenden Sie die Zahncreme zweimal täglich nach dem Essen an.

Ein besonderes Produkt aus der Körperpflege-Serie ist das EM Bokashi Oil. Es ist eine Mischung aus verschiedenen Kräuterölen, die mit EM behandelt wurden. Das Öl können Sie zur allgemeinen Entspannung, zur Massage der Muskulatur nach dem Sport oder bei Erkältungserscheinungen verwenden. Um Ihr Wohlbefinden zu steigern, geben Sie ein paar Tropfen in ein Stofftaschentuch und halten dieses an die Nase. Atmen Sie ein paar Male tief ein. Sie werden spüren, wie der Stress von Ihnen abfällt. Das Öl können Sie auch in Verbindung mit einer Aromaöl-Lampe nutzen. Bei angestrengten Muskelpartien oder Muskelkater reiben Sie die betroffenen Bereiche direkt mit dem Bokashi Oil ein und massieren diese sanft. Bei Erkältung unterstützt es die Genesung, wenn Sie es vor dem Zubettgehen auf den Brustbereich auftragen.

Weitere Anwendungsmöglichkeiten des EM Bokashi Oil

- Badezusatz: 10 Tropfen Öl ins Badewasser geben
- Raumbeduftung: 3–5 Tropfen Öl in eine Aromalampe geben
- Sauna-Aufguss: 5 Tropfen Öl in das Aufgusswasser geben und über den Saunaofen gießen
- Herstellung eigener Pflegeprodukte: Geben Sie statt eines reinen Pflegeöls ein paar Tropfen Bokashi Oil hinzu.

Erfahrungsberichte und Fallstudien

Effektive Mikroorganismen haben ein breites Einsatzspektrum. Allein von Herstellern werden viele Möglichkeiten zur Anwendung beschrieben. Personen, die gute Erfahrungen mit EM gemacht haben, weiten die Nutzung individuell aus – auch auf Einsatzbereiche, die bisher noch gar nicht berücksichtigt wurden. In diesem Kapitel finden Sie interessante Erfahrungsberichte, die sich auf spezielle Anwendungen beziehen und daher umso spannender zu lesen sind. Im weiteren Verlauf werden Ihnen Fallstudien vorgestellt und es kommen EM-Experten zu Wort, die viele Jahre Praxiserfahrung mitbringen.

Persönliche Erfahrungen und Erfolgsgeschichten

Erfahrungen im Ausdauersport:
In einem Beitrag des EM-Journals von 2010 schildert der Leistungssportler Christian Bodach, warum er sich für EMIKOSAN und EM-Ur-Meersalz entschieden und welche Erfahrungen er damit gemacht hat. Bei starker körperlicher Anstrengung, wie bei einem Marathon, Triathlon oder einem vorbereitenden Training, litt er unter Verdauungsbeschwerden und Magenkrämpfen. Diese beeinträchtigten seine sportliche Leistung und sein Wohlbefinden erheblich, sodass er sich nach einer Lösung für das Problem umsah. Er stieß auf EM und probierte zunächst das Nahrungsergänzungsmittel EMIKOSAN aus. Nach drei Monaten täglicher Einnahme verschwanden die Beschwerden. Nun war er überzeugt und nahm sich eines weiteren Themas an – der Energie- und Mineralienzufuhr bei Langdistanz-Wettkämpfen. Die Wettkämpfe dauern 10 bis 12 Stunden, in denen ohne Pause sportliche Höchstleistungen vom Körper abverlangt werden. Durch Schwitzen verlieren Sportler einen erheblichen Anteil an Elektrolyten und Mineralstoffen. Der daraus entstehende Mangel kann zu Krämpfen, Übelkeit und Schmerzen führen. Herkömmliche Sportlernahrung kam für ihn nicht länger in Frage, da diese zu wenig Natrium enthält. Er testete den Einsatz von EM-Ur-Meersalz in geringen Mengen aufgelöst in Getränken und hatte keine der angeführten Beschwerden.

Erfahrungen in der Zahntechnik:
In den 2000er Jahren beginnt Werner Herx von Carat Zahntechnik, sich Gedanken über die Einbindung von EM in seiner Arbeit zu machen. In 5 Artikeln berichtet er in EM-Journalen von 2007 bis 2009 von der Entwicklung, seinen Fortschritten und Erfahrungen mit Patienten, die mit EM behandelten Zahnersatz bekamen. Die erste Anwendung begann mit dem Auftrag eines Zahnarztes. Eine Patientin zeigte auf herkömmliche Kunststoffbrücken starke allergische Reaktionen. Bei der Herstellung des Zahnersatzes verwendete er EM-

Keramikpulver und behandelte die Masse mit EMa. Ein paar Tage später erhielt er die Rückmeldung, dass die Patientin keine Schmerzen oder allergischen Reaktionen mehr hatte. Er berichtet weiterhin von einem Patienten, dessen Neurodermitis nach dem Einsatz einer EM-Keramikbrücke deutlich zurückging, und davon, dass das Zahnfleisch bei dem eingesetzten Zahnersatz nicht zurückgeht. Auf seiner Webseite können Sie weitere Erfahrungsberichte nachlesen.

http://www.em-zahntechnik.de/index.php

Erfahrungen beim Hausbau:
Nach vielen guten Erfahrungen mit EM in anderen Bereichen bauten sich Silvia und Michael Abt aus der Schweiz ein EM-Haus. Über ihre Erfahrungen berichten sie 2010 im EM-Journal. Die Verwendung natürlicher Stoffe, wie Holzboden und Kork, war ihnen von vornherein wichtig. Um elektromagnetische Störfelder zu reduzieren, wurden Kabel abgeschirmt. EM verwendeten sie in verschiedenen Bereichen. Die Baugrube, Betonwände und Böden wurden mit EMa begossen und mit EM-X-Keramikpulver bestreut, um eine mögliche Strahlenbelastung zu verringern. Putz und Wandfarben wurden EM-X-Keramikpulver untergemischt. In die Wasserleitungen wurde ein EM-Keramikchip eingebaut, der hohen Temperaturen standhält. Im Regenwassertank, der die Toilettenspülung speist, sorgt ein EM-X-Keramikring für eine bessere Wasserqualität. Die größte Wirkung stellten sie bereits einen Tag nach den Malerarbeiten fest. Der typische Geruch nach frischer Farbe war verflogen. Besonders positiv heben sie das angenehme Wohnklima hervor. Silvias Rat an Interessierte: die Idee eines EM-Hausbaus von Anfang an mit dem Architekten besprechen. So kann eine optimale Anwendung in allen Phasen des Baus gewährleistet werden.

Erfahrungen mit EM-Keramik bei Tieren:
Die Tierheilpraktikern Ulrike Reimann schildert 2012 im EM-Journal ihre Erfahrungen mit EM-Keramik. Sie selbst trägt EM-Schmuck und genießt die positive Resonanz. Also entwickelte sie kurzerhand Halsbänder für Hunde, in die sie EM-X-Keramikpipes einarbeitete. Sie verteilte die Halsbänder an Hundebesitzer in ihrem Freundeskreis und gewann erfreuliche Erkenntnisse. Die EM-Halsbänder bewirken einen sehr hohen Schutz vor Zeckenbissen und sie wirkten sich positiv auf das Gemüt des Tieres aus. Ängstliche Hunde wurden offener, aggressive Hunde hingegen wurden entspannter. Bei längerem Tragen wirkte sich das Halsband positiv auf das Schmerzgeschehen und den Hormonhaushalt aus, sodass Medikamente reduziert werden konnten. Auf ihrer Webseite können Sie weitere Erfahrungsberichte nachlesen.

https://god-dogs.de/Startseite/

Erfahrungen mit EM im Alltag:
EM-Beraterin Ruth Krebber berichtet auf ihrer Webseite von Erfahrungen in verschiedenen Einsatzbereichen. So lassen sich Gegenstände in einem Bad aus EMa leicht entrosten. Beim Wäschewaschen machte sie gute Erfahrungen, indem sie die übliche Waschmittelmenge um zwei Drittel reduzierte. Stattdessen ergänzte sie drei Esslöffel EMa und legte 20 EM-X-Keramikpipes, die sie in ein Säckchen genäht hatte, zur Wäsche. Bei regelmäßiger Anwendung reduzierten sich die Kalkablagerungen deutlich. Zudem wurde selbst stark verschmutzte Wäsche bei nur 40 °C Waschtemperatur sauber und roch angenehm. Beim Gießen der Zimmerpflanzen fügte sie EMa ins Gießwasser. Nach zwei Monaten begannen ihre Pflanzen, prächtig zu gedeihen, nachdem sie zuvor jahrelang kein Wachstum zeigten. Nach der Arbeit im Garten oder in der Werkstatt wusch sie die Hände nicht mehr mit Seife, sondern rieb ihre Hände mit puren EMa ein und wusch sie dann mit klarem Wasser ab. Es funktionierte erstaunlich gut. Die Seife kann sie sich nun sparen.

Fallstudien zur Anwendung von EM

Nicht nur persönliche Erfahrungen von EM-Begeisterten bezeugen die positive Wirkung. Es gibt auch Studien, die sich damit beschäftigen. In Kapitel 3 wurden bereits verschiedene Studienergebnisse zitiert, die sich jedoch vorwiegend auf im Labor nachgewiesene Effekte auf die menschliche Gesundheit bezogen. In diesem Abschnitt kommen neue Erkenntnisse und praktische Nachweise hinzu, die sich auch auf andere Einsatzbereiche beziehen.

Im Bereich Ernährung und Gesundheit zeigen folgende zwei Studien, dass sich das Nahrungsergänzungsmittel EMIKOSAN positiv auf die Gesundheit auswirken kann.

Melina Zutter aus der Schweiz beschäftigte sich 2016 in ihrer Abschlussarbeit mit dem **Fermentationsgetränk EMIKOSAN** und dessen Wirkung auf Sportler. Hintergrundgedanke der Fallstudie war, dass eine gestörte Verdauung die Leistungsfähigkeit reduziert. Als Probanden dienten die Spieler einer Eishockey-Mannschaft, die sich im Sommertraining befanden. Eine Hälfte der Mannschaft bekam täglich für 90 Tage EMIKOSAN als Nahrungsergänzungsmittel verabreicht, die andere Hälfte nicht. Vor Beginn der Einnahme und nach Ende der Studie durchliefen die Sportler verschiedene Tests. Daraus ergab sich eine Leistungssteigerung bei der EM-Gruppe von 20 %, bei der Kontrollgruppe waren es lediglich 6 %.

Prof. Peter Dartsch, Inhaber der Dartsch Scientific GmbH, führte 2009 Zelltests mit dem **Nahrungsergänzungsmittel EMIKOSAN** durch. Dabei konnte er eine hohe antioxidative Wirkung des Getränks gegen freie Radikale nachweisen. Freie Radikale sind aggressive Schadstoffe, die vom Körper selbst gebildet werden oder von außen auf den Menschen einwirken. Da sie hochreaktiv sind, können sie dem Organismus schaden. Der Körper hat zum Teil eigene Abwehrprozesse, die unterschiedlich effektiv arbeiten. Antioxidantien bekämpfen freie Radikale ebenfalls. Eine zusätzliche Zufuhr von Antioxidantien, zum Beispiel durch Nahrungsergänzungsmittel, kann daher sinnvoll sein. In seinen zellbiologischen Tests konnte Dartsch diese Wirkung nachweisen. Ebenfalls bestätigte er entzündungshemmende Effekte und positive Auswirkungen auf die Zellerneuerung.

Im Bereich Gartenbau und Landwirtschaft gibt es weitaus mehr Fallstudien, da dies das ursprüngliche Tätigkeitsfeld von Prof. Dr. Higa gewesen ist.

2016 berichtet Jan Roed im EM-Journal vom Golfplatz Svartinge bei Stockholm. In einem Zusammenschluss dreier Unternehmen – dem schwedischen EM-Vertriebspartner Botanic Culture, dem Forschungsunternehmen SweTree und dem Golfplatz Svartingen – wurde eine dreijährige Fallstudie mit dem **EMIKO Garten- und Bodenaktivator** durchgeführt. Zwischen Frühjahr und Herbst behandelten diese Unternehmen ihre Golfrasen alle 7 bis 10 Tage mit einer Mischung aus dem EM-Dünger, einem Stickstoffdünger, Wasser und Zuckerrohrmelasse. Nach drei Jahren Versuchszeit zeigte sich ein gleichmäßiges Wachstum ohne die üblichen Trockenstellen, die sonst mit Hilfsmitteln nachbehandelt werden müssen. Es gab während dieser Zeit auch keine Probleme mit schädlichen Pilzen. Der Rasen hatte eine durchweg gesunde grüne Farbe und einen schönen Glanz. Es zeigte sich, dass die Anwendung auf Dauer kostengünstiger war, da Fungizide und andere chemische Substanzen zur Krankheitsbehandlung eingespart werden konnten. Da auch der Verbrauch des Stickstoffdüngers reduziert werden konnte, wurde die Stickstoffbelastung der Umwelt verringert. Insgesamt zeichnet sich ein durchweg positives Bild, zumal mit EM-Dünger nachhaltiger und umweltschonender ein besseres Ergebnis erzielt werden konnte. Im Anschluss an die Fallstudie hat sich der Golfplatz Svartinge dazu entschieden, weiterhin mit EM zu arbeiten.

In einer Fallstudie von 2018 testete EMIKO selbst die Wirksamkeit von Pferdemist, der zuvor mit EM behandelt wurde. Er wurde mit dem **EMIKO Gülle-Zusatz** besprüht. Für eine Tonne Pferdemist wurden fünf Liter des genannten EM-Produkts benötigt. Der Mist wurde anschließend luftdicht mit Folie abgedichtet, sodass die Fermentationsprozesse stattfinden konnten. Sieben Wochen später konnte der fermentierte Pferdemist auf eine ausgedörrte Grünfläche ausgebracht werden. Bereits nach zehn Tagen begann das Gras auf der Fläche, grün zu sprießen. Wenige Tage später war der Bewuchs dicht und ohne Lücken oder Trockenstellen. Dies lässt für EMIKO den Schluss zu, dass durch die Fermentation mit EM schwer zersetzbare Stoffe wie jene, die zum Beispiel in Stroh enthalten sind, schneller für das Bodenleben verfügbar waren. Dadurch wurde eine schnellere Wirkung beim Düngen erreicht. Auch später nach der Trockenperiode im Sommer 2018 zeigte sich bei der Grünlandfläche ein deutlicher Unterschied zu benachbarten Flächen. Sie war länger grün und es konnten drei Schnitte erfolgen. Auch wenn durch die Dürre im Sommer 2018 Einbußen zu erkennen waren, war dies die einzige Fläche, bei der überhaupt ein Heuschnitt möglich war.

Claudia Rackl beschäftigte sich 2006 in ihrer Diplomarbeit mit den **praktischen Erfahrungen von Landwirten mit EM.** Dazu führte sie Befragungen mit einem standardisierten Fragebogen durch, die sie im Anschluss auswertete. Die Fragen bezogen sich auf die Bereiche Ackerbau, Grünland und Tierhaltung. Es nahmen 45 landwirtschaftliche Betriebe aus dem Chiemgau teil. Die Erfahrungen unterschieden sich abhängig von der Anwendungsdauer, wobei die positiven Effekte mit der Anwendungszeit stiegen. Die Ertragsqualität erhöhte sich bei einer zweijährigen Nutzung um 33 %, bei einer zwei- bis dreijährigen Nutzung um 57 % und bei einer vierjährigen oder längeren Nutzung um 100 %. Die Steigerung der Ertragsmenge betrug nach Angaben der Befragten in den ersten vier Jahren 27 % bis 28 %. Nach mindestens vier Jahren Anwendung stieg sie um 75 %. Weitere positive Effekte zeigten sich beim Pilz- und Schädlingsbefall, bei der Reduktion der Menge herkömmlicher Mineraldünger, bei der Bodenstruktur und der Regenwurmpopulation. Im Bereich der Grünlandfläche berichteten Landwirte von besseren Ergebnissen. Dort zeigte sich in 6 von 7 Kriterien eine Verbesserung der Grünlandfläche bereits in den ersten zwei Jahren von etwa 50 % bis 60 %. Bei langjährigen Anwendern lag die Verbesserung meist bei 70 % bis 90 %. Im Bereich der Tierhaltung wurden EM unter anderem zur Stallreinigung, zur Verbesserung der Wasserqualität sowie zur Behandlung von Wunden, Klauen oder Eutern genutzt. Landwirte gaben eine Besserung der Geruchsbelastung von 75 % bis 90 % an, unabhängig davon, wie lange sie EM nutzten. Die Fliegenpopulation reduzierte sich stark und die Tiergesundheit stieg bei zwei Jahren Nutzung bereits um knapp 60 % deutlich an. Insgesamt zeigten sich in der Diplomarbeit gute Ergebnisse durch EM. Den größten Nutzen beschrieben Landwirte mit Tierhaltung. Generell scheint Nutztieren die Behandlung mit EM schnell zugutezukommen. Die Arbeit enthält noch viele weitere Informationen, die gerade für Landwirte sehr interessant ist. Unter folgendem QR-Code können Sie die Studie herunterladen.

https://em-chiemgau.de/wp-content/uploads/2021/11/Praktische-Erfahrungen-mit-EM-in-lw-Praxis_Diplomarbeit.pdf

Im Jahr 2004 begann Birgit Rascher von der Bayrischen Landesanstalt für Weinbau und Gartenbau in einem **Versuchsbetrieb** in Bamberg mit der Anwendung von EM. Sie baute von 2004 bis 2006 **Tomaten, Buschbohnen** und **Minigurken** in einem Folienzelt an und behandelte diese mit selbst angesetzten EMa. Bei den Tomaten konnte sie eine Ertragssteigerung von 9,5 % erreichen. Nährstoffe, Geschmack und Haltbarkeit unterschieden sich nicht von den Vergleichstomaten, die keine EM-Behandlung erhielten. Beim Anbau der Buschbohnen zeigten sich keinerlei Unterschiede. Auch beim Anbau der Minigurken zeigten sich keine Tendenzen. Daher stieg sie bei den kommenden Versuchen ab 2006 von der EMa-Lösung auf ausschließlich Milchsäurebakterien um. Diese werden dafür verwendet, organisches Material zu fermentieren und zum Düngen zu verwenden. Positiv hebt sie hervor, dass durch die Nutzung von EM auf chemische Dünger und Pflanzenschutzmittel verzichtet wird, was sich positiv auf die Umwelt auswirkt.

In einem **Feldversuch** testeten Mayer et al. (2007) vier Jahre, von 2003 bis 2006, die Wirksamkeit von Effektiven Mikroorganismen. Es wurden **Kartoffeln, Gerste, Luzerne** und **Weizen** angebaut und mit verschiedenen EM-Produkten und Präparatkombinationen behandelt. Hauptsächlich arbeiteten sie bei ihren Versuchen mit EM-Bokashi und EMa. Es wurde jeweils ein Teil der Pflanzen nicht behandelt (Kontrollgruppe), ein Teil der Pflanzen erhielt die originale EM-Mischung und bei einem Teil wurden die EM in der Nährlösung abgetötet. So sollte festgestellt werden, ob die positiven Effekte auf die EM zurückzuführen sind oder auf die Nährlösung (Zuckerrohrmelasse). Die Forscher beschreiben, dass sich bei einzelnen Bodenentnahmen Verbesserungen im Vergleich zur Kontrollgruppe zeigten. Insgesamt schlussfolgern sie, dass nach der dreijährigen Nutzung keine Effekte eintraten, die auf die EM zurückzuführen sind, sondern ausschließlich auf die Nährlösung, mit der sie ausgebracht werden.

Zwei weitere Studien betreffen die Bereiche Wasserbehandlung und Schimmelprävention beziehungsweise -beseitigung.

In einer **Übersichtsarbeit** beschäftigen sich Safwat et al. (2021) mit dem aktuellen Wissensstand zu **EM in der Wasserbehandlung**. Dabei wurden alle verfügbaren wissenschaftlichen Studien gesichtet und geprüft. EM sind regelmäßig Gegenstand der Forschung, da sie das Algenwachstum regulieren, Fischkrankheiten verringern, das Immunsystem von Wasserlebewesen steigern und schädlichen Prozessen durch Oxidation entgegenwirken können. In den geprüften Studien wurde unter anderem untersucht, wie sich die Wasserqualität beim Einsatz von EM Mud Balls verändert. Untersucht wurden zudem die Veränderungen gewisser Parameter, wie Schwebstoffe, Phosphor- und Stickstoffanteil. Es konnte herausgelesen werden, dass EM im anaeroben Milieu überlebten und sich vermehrten. Studien zur Abwasserbehandlung bei alleiniger Anwendung von EM kamen zu negativen Ergebnissen. Durch die Schädigung der EM-DNS durch Schwermetallionen beeinträchtigte dies auch ihre Wirksamkeit. Im weiteren Verlauf wurden EM mit zusätzlichen Substanzen kombiniert. Dadurch konnten sehr gute Ergebnisse erzielt werden. Beim Einsatz von EM in Industrieabwässern einer ägyptischen Fabrik konnte die Wasserqualität verbessert, die Geruchsbelästigung reduziert und dank der Aufbereitung zur landwirtschaftlichen Bewässerung wiederverwendet werden. In anderen aufgeführten Studien wurde der Klärschlamm mit EM behandelt. Dabei konnte speziell bei Milchabwasser-Klärschlamm die Anzahl krankheitserregender Keime reduziert werden. Bei Feldversuchen mit Kompost kamen die Forschenden zu unterschiedlichen Ergebnissen. Bei einigen Versuchen zeigten EM keine Auswirkungen.

Bei anderen Versuchen wurde eine verbesserte Kompostqualität festgestellt. Safwat et al. ziehen nach Abschluss der Übersichtsarbeit nun das Fazit, dass EM noch nicht ausreichend wissenschaftlich untersucht wurden. Die Aussagen der Wissenschaftler gehen sehr auseinander. Gute Ergebnisse wurden vor allem bei der Behandlung von Abwasser und bei der Reduzierung der Schlammmenge erzielt.

Die Wirksamkeit von **EMa** auf **Gipskartonplatten, Putz** und **Tapete** untersuchte A. Malik (2023) von der Hochschule Trier in mehreren Versuchen. Dabei wurden die Trägermaterialien mit einem Schimmelpilz beimpft und für fünf Wochen wachsen gelassen. Während des gesamten Versuchs wurden kontinuierlich die Kolonien gezählt und mit dem Kontroll-Medium verglichen.

Die behandelten Medien besprühte Malik zu Beginn einmal wöchentlich und später zwei- bis dreimal wöchentlich mit EMa. Bei Gipskartonplatten als Trägermaterial zeigten sich beim behandelten Medium 55 % weniger Schimmelpilzkolonien als beim Kontroll-Medium. Da der Schimmelpilz trotzdem weiterwuchs, das Wachstum also nur gehemmt wurde, war eine Anwendung von zwei- bis dreimal pro Woche notwendig. Bei Tapete als Trägermaterial zeigte sich beim Besprühen mit EMa eine um 37 % geringere Kolonisierung. Die Kolonien waren insgesamt kleiner, der Pilzbewuchs ging jedoch nicht zurück. Bei Putz als Trägermaterial zeigte sich eine um 36 % geringere Kolonisierung des Schimmelpilzes. Das Wachstum nahm merklich ab und konnte bei regelmäßiger Anwendung nach 8 bis 12 Wochen vollständig zum Stillstand gebracht werden.

Die vorgestellten Fallstudien sind ein Auszug aus den aktuellen wissenschaftlichen Erkenntnissen. Sie zeigen, dass Effektive Mikroorganismen immer wieder von Interesse sind und dass Forscher die positiven Effekte nachweisen möchten, dies aber nicht immer gelingt. Dennoch steht die Forschung noch am Anfang, weshalb Sie sich von dem einen oder anderen negativen Ergebnis nicht entmutigen lassen sollten. Testen Sie EM selbst und machen Sie Ihre persönlichen Erfahrungen damit.

EXPERTENINTERVIEWS

In diesem Kapitel werden exemplarisch vier Experteninterviews für Sie zusammengefasst. Darunter ein Interview mit der bekanntesten Expertin für ganzheitliche Mikrobiomforschung, **Dr. med. Anne Katharina Zschocke**. In einem Interview für die Zeitschrift SALVE im Jahr 2015 spricht sie über ihr damals neu erschienenes Buch „Darmbakterien als Schlüssel zur Gesundheit". Ihr ist wichtig, darüber aufzuklären, dass Bakterien nicht generell zum Feind des Menschen erklärt werden sollten. Diese Vorstellung hält sich hartnäckig. Sie ist der Auffassung, dass Mikroorganismen ein Teil von uns sind und die meisten keine negativen Effekte auf die menschliche Gesundheit haben. Sie erklärt, dass es niemanden verwundern sollte, dass EM, die ursprünglich als Bodenhilfsstoffe entwickelt wurden, auch am und im Menschen ihre Anwendung finden. Grund dafür ist, dass Mikroben überall zu finden sind und so auch immer wieder durch unsere Ernährung durch uns aufgenommen werden. Beispielsweise können Bakterien im Boden auf Pflanzen übergehen. Diese Pflanzen, beispielsweise Gräser, werden von Kühen gefressen, die wiederum geschlachtet werden, damit der Mensch sie essen kann. So gelangen Bakterien auf vielfältige Weise in unseren Körper. Die spezielle EM-Lösung von Prof. Dr. Higa stellt einen Impuls zur Heilung und Regeneration dar, weshalb sie so umfangreich einsetzbar ist. Diesen Impuls können sich Anwender zunutze machen, sei es bei einer gestörten Verdauung oder bei der Verbesserung der Bodenstruktur im Garten. Wer EM nutzt, lebt in einem friedlichen Miteinander mit den Mikroorganismen.

Das gesamte Interview können Sie hier nachlesen: **https://salve-gesund.de/PDF/2015/SALVE_11_web.pdf** (Seite 28/29). Weiterführende Informationen und Interviews finden Sie unter anderem auch auf dem YouTube-Kanal QS24.tv.

In einem Interview auf digestio.de kommt die **Ärztin** und **Professorin Michaela Axt-Gadermann** zu Wort. Ihre Steckenpferde sind die Themen Ernährung, Mikrobiom und Darmgesundheit. Sie berichtet über die Zusammenhänge zwischen einem gesunden Darmmikrobiom und gesunder Haut. Dabei weist sie auf Erkrankungen wie Neurodermitis, Asthma und Übergewicht hin. Die Dysbalance unserer Darmbewohner durch Antibiotika-Einnahme, übertriebene Hygienemaßnahmen oder eine schlechte Ernährungsweise äußert sich nicht sofort, sondern mit Verzögerung. Andersherum kann eine gesunde Darmflora zu einer gesunden Haut verhelfen. Die menschliche Haut ist ebenfalls von vielen Bakterienstämmen besiedelt und hat wichtige Funktionen, u. a. die Aufrechterhaltung des Säureschutzmantels. Wer sein Hautbild verbessern möchte, kann es mit einer Ernährungsumstellung versuchen. Im Interview gibt sie Tipps, welche Nahrungsmittel helfen können. Wichtig ist, nicht sofort Ergebnisse zu erwarten. Oft dauert es mehrere Wochen, bis sich das Hautbild verändert. Beobachten Sie sich in dieser Zeit genau. Führen Sie ein Tagebuch oder machen Sie regelmäßig Fotos. Einen zusätzlichen positiven Effekt hat die Anwendung von Produkten mit viel Antioxidantien. Eine hohe antioxidative Wirkung wurde übrigens auch für das Nahrungsergänzungsmittel EMIKOSAN wissenschaftlich nachgewiesen. Antioxidantien, die beim Essen oder Trinken aufgenommen werden, haben dabei eine längerfristige Wirkung gegenüber Pflegeprodukten mit Antioxidantien, weil der Körper ein Depot anlegt.

In einem Interview von 2021 mit dem Online-Nachhaltigkeitsmagazin LIFEVERDE erklärt der Experte und **Inhaber von EM Chiemgau, Christoph Fischer**, die positiven Auswirkungen auf Pflanzen und Böden. EM können die Gesundheit von Pflanzen verbessern, da sie die Wasser- und Nährstoffaufnahme regulieren. Sie zersetzen organisches Material, sodass die enthaltenen Mineralien wieder von der Pflanze aufgenommen werden können. Er erklärt, dass EM selbst kein Düngemittel sind. Mit EM kann durch Fermentation jedoch Bokashi hergestellt werden, der dem Garten zugutekommt. So wird das Bodenleben gefördert und es sind zahlreiche Nährstoffe in der Wachstumsphase verfügbar. Durch die Nutzung von Bokashi kann die Ausbringung chemischer Dünger reduziert werden. Es gibt auch spezielle EM-Dünger für Gärtner, die keine Zeit dazu haben, Bokashi selbst herzustellen. Christoph Fischer betont in dem Interview, dass EM nicht von heute auf morgen wirken. Es braucht eine kontinuierliche Anwendung, um Erfolge zu erzielen. Er ist seit

20 Jahren am Rosenheimer Projekt beteiligt. Gemeinsam mit den Landwirten in der Region will er mit Hilfe von EM die Kreisläufe im Hofbetrieb schließen. Dabei geht es hauptsächlich um Humusaufbau und klimapositive Veränderungen in der Landwirtschaft.

Zum Abschluss folgt ein Interview mit **Prof. Dr. Teruo Higa**, dem Erfinder der EM, welches er 2023 der Zeitung The Japan Times gegeben hat. Er spricht darin über die Anwendung von Bokashi und erzählt, wie er auf die Idee seiner Forschung an Mikroorganismen kam. Zu Beginn seines Studiums war er davon überzeugt, dass in der Landwirtschaft nur mit chemischen Düngern gute Erträge erwirtschaftet werden können. Doch mit jedem Jahr wurden diese geringer. Durch ein persönliches Ereignis, die Diagnose einer Vergiftung durch Pestizide, realisierte er, dass er den falschen Weg eingeschlagen hatte. Er wollte wieder rücksichtsvoller im Hinblick auf die Natur arbeiten. Sein Tipp für EM-Anfänger: Fermentieren Sie Küchenabfälle zu Bokashi und düngen Sie damit Ihren Garten und Ihre Zimmerpflanzen. Sie unterstützen damit ein positives Kreislaufsystem und können dabei als positiver Nebeneffekt auch noch Geld einsparen.

EM-Anwendungen in besonderen Situationen

Um das Optimum der Effektiven Mikroorganismen für sich zu nutzen, ist es wichtig, neben Alltagsaktivitäten auch besondere Lebenslagen zu berücksichtigen. Dazu gehören einerseits zeitlich begrenzte Lebensphasen, in denen der Körper wichtigen biologischen Prozessen unterliegt, wie bei einer Schwangerschaft oder dem Heranwachsen eines Kindes. Andererseits fordern einige Menschen ihren Körper regelmäßig zu Höchstleistungen heraus, wie beim Leistungssport. In allen Bereichen können EM eine positive Entwicklung und die Gesunderhaltung fördern. Darum soll es in diesem Kapitel gehen.

Schwangerschaft und Stillzeit

Wenn Sie einen Kinderwunsch hegen, stellt sich Ihnen möglicherweise die Frage, ob die Einnahme und Anwendung von EM dem Ungeborenen eventuell schaden könnte. Schwangerschaft und Geburt sind bekanntlich komplexe biologische Prozesse, die von vielen Faktoren beeinflusst werden. Je nach Alter der Frau liegt die Wahrscheinlichkeit, schwanger zu werden, zwischen 10 und 30 %. Ab 35 Jahren verringert sie sich deutlich. Zu den wichtigsten Faktoren, die die Fruchtbarkeit beeinflussen können, gehören:

- **Stress**: Dieser kann zu Zyklusstörungen führen oder den Eisprung hemmen.
- **Gewicht**: Frauen, die stark unter- oder übergewichtig sind, haben häufiger Probleme, schwanger zu werden.
- **Ernährung**: Eine abwechslungsreiche Kost ist ein Muss. Wer zu viel Kohlenhydrate isst, hat häufiger Zyklusstörungen.
- **Leistungssport**: Eine anhaltende intensive körperliche Belastung führt zu Störungen der Menstruation.
- **Umwelteinflüsse**: Schadstoffe wie Pestizide und Schwermetalle reduzieren die Fruchtbarkeit, aber auch ein andauernder zu hoher Lärmpegel kann sich negativ auswirken.
- **Alkohol & Nikotin**: Beide Substanzen beeinflussen die Fruchtbarkeit und die Monatsblutung negativ.

Es ist also keine Überraschung, dass ein gesunder Lebensstil eine Schwangerschaft begünstigen kann. Dabei hilft eine ausgewogene Ernährung, die alle wichtigen Vitamine, Mineralien und Spurenelemente enthält. Regelmäßige Bewegung hält den Körper fit und kann das Stresslevel senken. Schlafen Sie ausreichend, denn zu wenig Schlaf wirkt sich negativ auf den Hormonhaushalt aus, der eine besondere Bedeutung bei der Empfängnis und dem Austragen des Kindes hat. Um den Körper ins Gleichgewicht zu bringen und zu halten, können Probiotika und Effektive Mikroorganismen helfen.

Forscher beschäftigen sich immer wieder mit der Wirkung von Probiotika auf Mutter und Kind in der Schwangerschaft und Stillzeit. Eine Analyse von 433 Studien von Garcia-Larsen et al. (2018) ergab, dass der regelmäßige Verzehr probiotischer Lebensmittel das Risiko, an Neurodermitis zu erkranken, und das Risiko einer Laktoseintoleranz senken kann. In einer Übersichtsarbeit von Davidson et al. (2021) wurden sieben Studien geprüft, in denen es um die Effekte von Probiotika auf die Entwicklung eines Schwangerschaftsdiabetes ging. Da die Studienergebnisse sehr unterschiedlich ausfielen, konnte keine einheitliche Aussage getroffen werden. In vier Studien erhöhte jedoch die regelmäßige Einnahme von Probiotika das Risiko einer Präeklampsie, also das Auftreten oder Verschlimmern eines Bluthochdrucks in Kombination mit Eiweißausscheidung im Harn. Eine Präeklampsie kann das Risiko für Komplikationen während der Geburt erhöhen. Davon abgesehen konnten keine weiteren signifikanten gesundheitlichen Effekte hinsichtlich eines Kaiserschnitt-Risikos oder des Gesundheitszustandes des Neugeborenen nachgewiesen werden.

Während der Schwangerschaft und Geburt kommt dem vaginalen Mikrobiom eine ebenso hohe Bedeutung zu wie dem Darmmikrobiom. Ein gesundes Vaginalmikrobiom bietet Schutz vor bakteriellen Infektionen, die das Risiko senken, sich mit sexuell übertragbaren Krankheiten zu infizieren oder Komplikationen während der Schwangerschaft zu erleiden. In ihrer Dissertation beschäftigte sich Sarah Speidel (2023) mit dem Effekt von Probiotika auf die Entwicklung einer bakteriellen Vaginose (Entzündung im Scheidenbereich) bei Schwangeren. Hintergrund war, dass eine bakterielle Vaginose das Risiko für eine Frühgeburt erhöht. Einen Nutzen hinsichtlich der Fragestellung konnte sie in ihrer Studie allerdings nicht nachweisen.

Nahrungsergänzungsmittel mit lebenden Bakterienstämmen werden auch in Zukunft Gegenstand der Forschung sein. Da bislang kaum negative Effekte nachgewiesen wurden, wird eine Einnahme in den meisten Fällen als unbedenklich eingestuft. Effekte, wie die Regulierung der Verdauungsfunktion, die bei nicht schwangeren Personen nachgewiesen wurden, können auf Schwangere übertragen werden. Wichtig ist, im Blick zu behalten, ob es Nebenwirkungen gibt, die das ungeborene Kind gefährden könnten. In diesem Zusammenhang weist die Verbraucherzentrale NRW darauf hin, dass Schwangere Nahrungsergänzungsmittel mit dem neuartigen Bakterienstamm Akkermansia muciniphila nicht verzehren sollten. Hersteller müssen ihre Produkte aber mit einem eindeutigen Hinweis versehen, sodass es leicht ersichtlich ist.

ⓘ

Tipp: Wenn Sie unsicher sind, ob Ihnen oder Ihrem Kind probiotische Lebensmittel oder Nahrungsergänzungsmittel mit Effektiven Mikroorganismen nützen oder schaden können, wenden Sie sich bitte an Ihren Hausarzt oder den Frauenarzt Ihres Vertrauens.

Vonseiten der Hersteller gibt es in Bezug auf die Einnahme von EM-Lebensmitteln und EM-Nahrungsergänzungsmitteln während der Schwangerschaft und Stillzeit keine gesonderten Hinweise. Zur Behandlung bestimmter Schwangerschaftssymptome werden von dem Händler **www.bodenstaendig.org** folgende Empfehlungen gegeben:

Gegen Schwangerschaftsübelkeit hilft einmal täglich 0,5 Teelöffel EM-Ur-Meersalz. Dieses in heißem Wasser auflösen, etwas abkühlen lassen und dann langsam trinken. Wenn Ihnen immer zur gleichen Uhrzeit übel ist, können Sie das Salzwasser schon vorab präventiv trinken. Bei Verdauungsbeschwerden hilft die Einnahme von EMIKOSAN – dreimal täglich etwa 10 ml. Die regelmäßige Anwendung von EMIKO Care Balsam kann Dehnungsstreifen reduzieren und pflegt gereizte Brustwarzen nachhaltig. Durch die Nutzung von EM-Keramikpipes zur Aufbereitung des Trinkwassers nimmt der Körper die positiven Schwingungen der EM auf und gibt sie auch an das Kind weiter.

EM-Anwendungen für Kinder und Babys

Ähnlich wie während der Schwangerschaft und Stillzeit sind EM-Produkte auch für Babys und Kinder unbedenklich. Als Nahrungsergänzungsmittel und Lebensmittel eignen sich laut Hersteller EMIKOSAN und EM-X Gold sowie EM-Ur-Meersalz. EMIKOSAN enthält viel Vitamin C und unterstützt so die körperliche Gesundheit. Da es einen säuerlichen Geschmack hat, sollten Sie EMIKOSAN mit Wasser oder Saft verdünnen. Je nach Gewicht Ihres Kindes passen Sie die Dosierung an. Auf 10 kg Körpergewicht geben Sie maximal 6 ml EMIKOSAN. EM-Ur-Meersalz verwenden Sie beim Kochen in der Menge wie normales Salz.

Durch die Nutzung von EM-Keramikpipes oder EM-Kagen werden Getränke schmackhafter und die Schwingungen wirken sich harmonisierend aus. Wenn Ihr Kind abends schlecht einschläft und häufig unruhig ist, dann geben Sie ihm abends mit EM-Keramik harmonisiertes Wasser zum Trinken oder legen ein Säckchen mit EM-Keramikpipes unter die Matratze. Die positiven Schwingungen der EM übertragen sich auf Ihr Kind und wirken ausgleichend und beruhigend.

Im Bereich der Körperpflege erreichen Sie positive Effekte durch EM-Waschlotionen, EM-Shampoos und EM-Pflegecremes. Die Körperpflegeprodukte mit Effektiven Mikroorganismen unterstützen ein gesundes Hautmikrobiom und reduzieren das Risiko von Hauterkrankungen und allergischen Reaktionen. Das Wäschewaschen und Putzen mit schonenden EM-Reinigern unterstützt ein natürliches Umfeld. Sie verzichten auf aggressive Reinigungsmittel, die potenzielle Allergieauslöser sind. Erlebt und lernt Ihr Kind von früh auf, im Einklang mit der Natur und nützlichen Mikroorganismen zu leben, wird es später im Leben wahrscheinlich gesünder sein.

Wenn Sie Ihr Kind von klein auf zu einer nachhaltigen Lebensweise erziehen möchten, dann beziehen Sie es immer in die Anwendung von EM ein. Es ist nicht nur wichtig, dass Ihr Kind in Bewegung bleibt und gesund isst. Wenn es versteht, warum es wichtig ist, im Einklang mit der Natur zu leben, wirkt sich das auch auf sein gesamtes späteres Handeln aus. Erklären Sie Ihrem Kind, was Mikroorganismen sind. Zur Veranschaulichung können Sie kleine Experimente oder ein Kinder-Mikroskop nutzen. So können Sie ihm aufzeigen, dass winzige Lebewesen in unserer Umwelt vorhanden sind, auch wenn sie nicht zu sehen sind.

Experiment 1: Der einfache Schimmeltest

- Dafür benötigen Sie 3 Scheiben Toast, drei durchsichtige Gefrierbeutel, einen Edding und ein paar sterile Handschuhe.
- Die erste Scheibe Toast darf Ihr Kind mit ungewaschenen/schmutzigen Händen anfassen und in einen Gefrierbeutel legen. Beschriften Sie den Beutel mit „ungewaschen".
- Lassen Sie Ihr Kind dann die Hände mit warmem Wasser und Seife gründlich waschen.
- Ihr Kind legt dann die zweite Scheibe Toast mit gewaschenen Händen in den zweiten Gefrierbeutel. Notieren Sie „gewaschen" darauf.
- Dann ziehen Sie oder Ihr Kind die sterilen Einmalhandschuhe an und legen die dritte Toastscheibe in den letzten Gefrierbeutel. Schreiben Sie auf den Beutel „keimfrei".
- Lagern Sie die Beutel an einem warmen Ort. Nach drei bis fünf Tagen können Sie mit Ihrem Kind die Toastscheiben vergleichen. Wo sind die Unterschiede?
- Achten Sie darauf, die Beutel nicht zu öffnen, damit die Schimmelpilzsporen nicht herausgelangen.

Viele weitere Ideen finden Sie hier:

https://d1fdloi71mui9q.cloudfront.net/KTluO3DGTMWJcrBY8kDh_Bakterienexperimente%20f%C3%BCr%20Kinder_min.pdf

Wenn Ihr Kind Interesse an der Welt der Mikroben zeigt, binden Sie es weiter ins Alltagsgeschehen ein. Sie können gemeinsam Blumen mit EMa gießen, Pflanzen besprühen oder Bokashi aus Küchenabfällen herstellen. Hierbei ist für Kinder schön anzusehen, wie sich der Bokashi verändert. Wenn Ihr Kind in der Küche beim Kochen mithilft, kann es alle Abfälle selbst in den Bokashi werfen. Lassen Sie Ihr Kind die Lagen zusammendrücken und mit EMa besprühen. Alle 2 bis 3 Tage können Sie gemeinsam den Sickersaft über das Ventil ablassen und den Fortschritt der Zersetzung im Eimer begutachten. Zum besseren Vergleich sollten Sie auch Fotografien anfertigen. Den Sickersaft können Sie gleich als Flüssigdünger für Ihre Zimmerpflanzen verwenden. Wenn der Bokashi-Eimer voll ist, stellen Sie ihn an einem warmen Ort auf und lassen ihn dort 2 Wochen stehen. Nach Ablauf der Fermentation können Sie gemeinsam mit Ihrem Kind in den Garten gehen und den Bokashi in die Erde ausbringen. Wenn Sie mit zwei oder mehr Bokashi-Eimern arbeiten, sind die einzelnen Stadien der Zersetzung besonders gut zu vergleichen.

„Mama, ich will eine Mikrobe als Haustier ..." Wenn diese Aussage kommt, haben Sie alles richtig gemacht. Andererseits stellt sich die Frage, wie Sie das umsetzen können. Dafür gibt es zwei Optionen. Sie kaufen eine Mikrobe als Plüschtier (zum Beispiel über **www.riesenmikroben.de**). Als zweite Möglichkeit können Sie lebende Mikroorganismen dafür nutzen, Kefir oder Kombucha herzustellen. Sowohl Kefir- als auch Kombucha-Pilze sind eine Mischung aus verschiedenen Bakterien und Hefen. Die Pilze sind gut zu sehen und wachsen, wenn Sie sie bedarfsgerecht „füttern". Sie bilden auch Ableger, die Sie wiederum in eigenen Gefäßen zur Produktion von Kefir und Kombucha nutzen können. Kombucha-Pilze, oder auch SCOBY genannt, fermentieren gezuckerten Tee zu einem leicht säuerlichen kohlensäurehaltigen Erfrischungsgetränk. Die Herstellung von Kefir funktioniert ähnlich leicht. Der Kefirpilz benötigt Milch, die über 1 bis 3 Tage vergoren wird. Sie können die Pilze beziehungsweise Starterkulturen im Handel erwerben oder in der Nachbarschaft nachfragen. Bei manch einem wachsen die Pilze sehr schnell, sodass Sie höchstwahrscheinlich schon bald selbst welche abgeben wollen. Beachten Sie bei der eigenständigen Herstellung von Kombucha und Kefir unbedingt eine hygienische Arbeitsweise.

Hinweis: Da durch die Fermentation im Kefir und Kombucha eine geringe Menge Alkohol entsteht, wird Schwangeren, Stillenden und Kindern vom täglichen Konsum abgeraten. Um dennoch zu probieren, was der SCOBY produziert, können Sie Ihrem Kind den Kefir oder Kombucha mit Wasser verdünnen und maximal einmal wöchentlich ein kleines Glas zu trinken geben (max. 50 ml). Alternativ können Sie fertigen milden Kefir oder Kombucha aus dem Handel kaufen. Bei diesen wurde der Alkohol nachträglich entzogen. Dafür enthalten sie allerdings häufig einen hohen Anteil an raffiniertem Zucker und andere, weniger gesunde Zusatzstoffe.

Sport und körperlicher Aktivität

Laut der Zeitverwendungserhebung von 2012/2013 investierten Deutsche täglich 1 Stunde und 35 Minuten für das Essen und Trinken. Der Zeitaufwand für Sport betrug im Durchschnitt 27 Minuten am Tag (Statistisches Bundesamt 2015). Um nicht nur beim Sport, sondern in allen Lebensbereichen leistungsfähig zu bleiben, ist eine ausgewogene Ernährung wichtig. Die Deutsche Gesellschaft für Ernährung (DGE) hat deswegen Empfehlungen in verschiedenen Positionspapieren zusammengefasst.

- **Flüssigkeitsbedarf**: Bei intensiver körperlicher Betätigung kommen Sportler schnell ins Schwitzen. Mit dem ausgeschiedenen Schweiß verlieren sie nicht nur Wasser, sondern auch wichtige Mineralstoffe, die wieder zugeführt werden müssen. Ein isotonisches Sportgetränk versorgt den Körper mit Wasser. Bei einer langanhaltenden Belastung von mehr als 1,5 Stunden sollten Sie dem Organismus zudem Kohlenhydrate zur Verfügung stellen. Die empfohlenen Mindestmengen der Nährstoffe pro Liter sind: 60 g Kohlenhydrate, 400 mg Natrium, 400 mg Chlorid, 120 mg Kalium, 45 mg Calcium und 10 mg Magnesium. Durch das Getränk werden ein übermäßiger Flüssigkeitsmangel und Elektrolytschwankungen vermieden. Bestenfalls haben Sportler bereits vor dem Training oder Wettkampf ausreichend Flüssigkeit zu sich genommen. Ab einem Flüssigkeitsdefizit von 2 bis 4 % des eigenen Körpergewichts kommt es zu Einbußen bei der körperlichen und geistigen Leistungsfähigkeit (Mosler et al. 2019).

- **Proteinzufuhr**: Für den durchschnittlichen Erwachsenen empfiehlt die DGE eine Proteinzufuhr von 0,8 g pro kg Körpergewicht pro Tag. Für sportliche Betätigung von 5 Stunden pro Woche und mehr wird eine Erhöhung auf 1,2 bis 2,0 g empfohlen – abhängig von der Sportart und Trainingsintensität (König et al. 2020).

- **Kohlenhydratzufuhr**: Vor allem im Ausdauersport sind Kohlenhydrate wichtig. Bei anhaltender sportlicher Aktivität kann eine kohlenhydratreiche Ernährung die Leistung steigern. Je nach Intensität der Trainingseinheit oder des Wettkampfes empfiehlt die DGE unterschiedliche Arten und Mengen an Kohlenhydraten zum Verzehr. Die allgemeine Empfehlung liegt bei 6 bis 12 g Kohlenhydrate pro kg Körpergewicht pro Tag. Für eine Sportlerin mit einem Gewicht von 60 kg entspricht das einer Menge von 360 bis 720 g Kohlenhydrate am Tag (König et al. 2019).

- **Fettzufuhr**: Fette spielen für Sportler eine wenig bedeutende Rolle. Die Zufuhr sollte wie bei der Durchschnittsbevölkerung bei 20 bis 30 Energieprozent liegen. Dies soll sicherstellen, dass ausreichend fettlösliche Vitamine aufgenommen werden, ein Sättigungsgefühl eintritt und die Fettspeicher nach körperlicher Belastung wieder aufgefüllt werden (Schek et al. 2019).

- **Mineralstoffe und Vitamine**: Nicht nur aufgrund des bereits erwähnten Flüssigkeitsverlustes ist die Zufuhr von Mikronährstoffen bei Sportlern wichtig. Durch regelmäßigen Sport benötigt der Körper zudem höhere Mengen an Mineralstoffen und Vitaminen. Dazu gehören beispielsweise Vitamin B1, B2 und D sowie Antioxidantien und Eisen. Zudem wird eine Zufuhr von Vitamin C und Zink mit der Nahrung hervorgehoben, um Infekten vorzubeugen. Die Einnahme von Nahrungsergänzungsmitteln wird kritisch betrachtet, da eine Überversorgung mit Mikronährstoffen nicht zu Leistungssteigerung führen kann. Optimal ist eine Bedarfsdeckung durch die allgemeine Nahrungszufuhr (Carlsohn et al. 2019).
- **Energiebedarf**: Der Energiebedarf eines Menschen ist schwer zu berechnen und variiert täglich je nach durchgeführten Aktivitäten. Im Ruhezustand liegt er bei 1 kcal pro kg Körpergewicht pro Stunde. Bei Alltagsaktivitäten wie Büroarbeit steigt er auf 1,5 kcal. Bei leichten Gartenarbeiten verbraucht der Körper 3 kcal. Bei sportlichen Aktivitäten wie Tennis steigt der Energiebedarf auf 7,3 kcal, beim intensiven Brustschwimmen auf 10,3 kcal und beim schnellen Joggen über 22 km/h sogar auf 23 kcal pro kg Körpergewicht pro Stunde (Braun et al. 2019).

Beispiel: Mann, 80 kg Körpergewicht, 8 h Büroarbeit, 2 h Tennis spielen

- **Energiebedarf in Ruhe**:

80 kg x 1 kcal = 80 kcal x 14 h = 1120 kcal

- **Energiebedarf für 8 h Büroarbeit:**

80 kg x 1,5 kcal = 120 kcal x 8 h = 960 kcal

- **Energiebedarf für 2 h Tennis spielen**:

80 kg x 7,3 kcal = 584 kcal x 2 h = 1168 kcal

- **Gesamt:** 14 h Ruhezustand (stark vereinfacht) + 8 h Büroarbeit + 2 h Tennis

1120 kcal + 960 kcal + 1168 kcal = 3248 kcal

Der Energiebedarf für 24 h beträgt in diesem Beispiel **3248 kcal.** Je nachdem, wie sich der Beispiel-Mann ernährt, entspricht die Energiezufuhr grob dem Energiebedarf. Nimmt er zu viele Kalorien zu sich, werden diese vom Körper gespeichert. Auf Dauer führt das zur Gewichtszunahme.

Wenn Sie sich als Sportler an die Empfehlungen der DGE halten, ist Ihr Körper bestens mit Nährstoffen versorgt. Wenn Sie – wie der Ausdauersportler Christian Bodach – von sportbedingten Symptomen geplagt werden, kann eine zusätzliche Zufuhr von EM-Lebensmitteln sinnvoll sein. EM-Nahrungsergänzungsmittel und EM-Lebensmittel enthalten viele wichtige Nährstoffe. Zusätzlich wirken sie ausgleichend und energetisierend auf den Körper. Durch das Dominanzprinzip gehen Einflüsse schädlicher Mikroorganismen zurück und ihnen steht die volle Leistungsfähigkeit Ihres Körpers zur Verfügung. EM machen Nährstoffe und Flüssigkeit für den Organismus leichter verfügbar, sodass Sie gerade bei langanhaltenden Sportarten weniger schnell ermüden. Testen Sie die verschiedenen Produkte aus und spüren Sie den Unterschied.

Die Zukunft von Effektiven Mikroorganismen

Es bleibt spannend. Effektive Mikroorganismen haben großes Potenzial, unsere Welt positiv zu verändern. Im Kleinen beobachten es bereits viele EM-Anwender und -Anwenderinnen Tag für Tag. Im Großen geht der Fortschritt langsam voran. Für eine großflächige Nutzung ist ein wissenschaftlicher Nachweis sinnvoll und gewünscht. Daher beschäftigen sich Wissenschaftler mit den Wirkungsweisen der EM in abgegrenzten Bereichen. Lassen Sie sich davon aber nicht abhalten, EM selbst zu testen. Forschung und Wissenschaft können viele Jahre andauern, in denen Sie EM bereits für sich nutzen können. In diesem Kapitel erfahren Sie mehr zum aktuellen Stand der Forschung sowie zum Potenzial von EM in der Medizin. Wir geben Ihnen einen Ausblick, wie sich die Anwendung von EM entwickeln könnte, und zum Schluss informieren wir Sie über die ökologischen Aspekte der Effektiven Mikroorganismen.

Aktuelle Forschung und neue Erkenntnisse

Effektive Mikroorganismen können ein Teil der Lösung vieler Probleme auf unserer Welt sein. Unabhängig davon, ob im Ackerbau oder in der Tierhaltung, zur Gesunderhaltung und Regeneration von uns Menschen oder für einen nachhaltigeren Umgang mit Ressourcen und unserer Umwelt – EM haben großes Potenzial. In diesem Ratgeber wurden Sie hinreichend über viele verschiedene Studienergebnisse informiert. Einige davon beziehen sich direkt auf EM-Produkte, andere beschäftigen sich mit der Oberkategorie der Probiotika. In Studien und Feldversuchen konnten positive Effekte nachgewiesen werden. Bislang ist die Studiendichte aber noch recht gering, sodass kritische Stimmen die Ergebnisse auf einen Zufall oder eine ungenügsame Studienmethodik zurückführen.

Eine Übersicht zum Nutzen von mikrobiellen Biostimulanzien, also Produkten mit einzelnen Bakterienstämmen oder einer Kombination verschiedener Stämme, geben Symnaczik et al. (2022) vom Forschungsinstitut für biologischen Landbau (FiBL) in ihrem Faktenblatt. Mit Effektiven Mikroorganismen können qualitativ hochwertige Pflanzenkulturen erzeugt, Düngemittel reduziert, durch Verdünnung mit Wasser sehr einfach über Bewässerung ausgebracht und die Bodenfruchtbarkeit erhalten werden. Zudem werden EM zur Renaturierung von Ökosystemen angewendet. Durch die Verbesserung der verfügbaren Bodennährstoffe beschleunigen sie das Wachstum neuer Pflanzengenerationen, zum Beispiel nach einem Waldbrand. Mit dem Wissen, das

Sie mit diesem Ratgeber erworben haben, können Sie sich die positiven Eigenschaften der EM zunutze machen, auch wenn der endgültige wissenschaftliche Nachweis noch aussteht.

Eine Studie der Universität Wien (Metze et al. 2023) zeigte, dass Bodenbakterien durch Umweltbedingungen beeinflusst werden. Interessanter als das war allerdings die Erkenntnis, dass sich Bakterien mit der Zeit an ein verändertes Klima anpassen. In einem Feldversuch wurden Dürreperioden simuliert. Es blieben auf Dauer mehr Bakterien trotz starker Trockenheit aktiv. Das könnte in Zukunft eine wichtige Rolle spielen, da aktive Mikroben im Boden das Pflanzenwachstum positiv beeinflussen und Pflanzen helfen, die Trockenperiode zu überstehen.

Thiergart et al. (2020) veröffentlichten einen Bericht über das Mikrobiom von Pflanzenwurzeln und beschrieben, wie dieses die Pflanze vor Erkrankungen schützen kann. Die Aufgaben der Mikroorganismen sind vergleichbar mit dem menschlichen Darmmikrobiom. Auch beim Wurzelgeflecht bilden positive Bakterien eine Verteidigungslinie und schützen die Pflanze vor Eindringlingen. Vor diesem Hintergrund erscheint es sinnvoll, Alternativen zu chemischen Pflanzenschutzstoffen zu erforschen, um im Boden ein gesundes Gleichgewicht zu erhalten und nachhaltiger mit der Umwelt umzugehen.

Im Bereich Hygiene und Reinigung wurde 2022 von Klassert et al. ebenfalls eine Studie veröffentlicht. Hintergrund dieser Studie sind die steigenden Zahlen multiresistenter Keime in Krankenhäusern. Zudem gibt es vermehrt Hinweise darauf, dass bereits eine halbe Stunde nach der Desinfektion einer Fläche die Besiedlung durch Bakterien wieder beginnt. Während der Studie wurden 13 Wochen lang 9 Zimmer der Charité Berlin mit unterschiedlichen Reinigungsmitteln gesäubert. Im Anschluss wurden Abstriche vom Waschbecken, der Türklinke und dem Fußboden genommen. Verglichen wurden die Reinigung mit Desinfektionsmittel, mit Haushaltsreiniger und jene mit probiotischen Reinigungsmitteln. Die Ergebnisse zeigen, dass sich die Bakterienanzahl an den Abstrichorten kaum unterscheiden. Die Bakterienvielfalt hingegen ist bei der regelmäßigen Anwendung von Desinfektionsmitteln gegenüber probiotischen Reinigern stark reduziert. Zum Abschluss wurden die Bakteriengene untersucht und Hinweise darauf gefunden, dass Bakterien, die eine Desinfektion überstehen, potenziell mehr Resistenzen gegenüber Antibiotika entwickeln können. Das war bei Reinigern mit Mikroorganismen nicht der Fall. Diese sorgten für ein stabiles Milieu, in dem die Bakterien weniger anfällig für die Entwicklung von Resistenzen waren.

Wie Sie sehen, steht die Forschung nicht still. Je mehr Studien und Feldversuche durchgeführt werden, umso mehr Erkenntnisse ergeben sich. Da jede Studie immer nur einen begrenzten Bereich untersucht, ist es schwierig, eine allgemeine Aussage zur Wirksamkeit von EM zu treffen. Es liegt an jedem Anwender selbst, sich ein Bild von der Studienlage zu machen und die Puzzleteile zu einem Ganzen zusammenzusetzen.

ⓘ

Tipp: Wenn Sie gezielt nach aktuellen Studien suchen möchten, nutzen Sie folgende Portale.

- PubMed Central: **https://www.ncbi.nlm.nih.gov/pmc/**
- Cochrane: **https://www.cochrane.org/de/evidence**
- BASE – Bielefeld Academic Search Engine: **https://www.base-search.net/**
- OAIster: **https://oaister.on.worldcat.org/discovery**

Potenzial von Effektiven Mikroorganismen in der Medizin

EM können positive Effekte auf die menschlichen Mikrobiome haben. Dazu gehören unter anderem das Darm- und das Hautmikrobiom. Sie unterstützen ein gesundes Gleichgewicht. Dadurch senken sie wiederum das Risiko für Allergien und bestimmte Erkrankungen und wehren Krankheitserreger ab, indem sie eine schützende Verteidigungslinie bilden. Diese Erkenntnisse lassen bereits ein gewisses Potenzial erahnen, welches aber noch nicht vollständig erforscht und wissenschaftlich nachgewiesen wurde. Weitere medizinische Einsatzgebiete beziehen sich auf die Wundversorgung mit probiotischen Wundauflagen und die Behandlung von psychischen Erkrankungen, die jahrelang nicht mit einer Dysbalance des Darmmikrobioms in Zusammenhang gebracht wurden. Indem Wissenschaftler nach und nach die komplexen Zusammenhänge im menschlichen Körper verstehen, können sie einschätzen, wie EM darauf wirken und wie sie sinnvoll einzusetzen sind. Das Potenzial von Effektiven Mikroorganismen ist nicht nur deshalb so groß, weil sie eine breite Anwendung finden, sondern weil gleichzeitig konservative Therapien mit vielen Nebenwirkungen reduziert werden können. Damit verdoppelt sich der positive Effekt von EM.

Es ist vorstellbar, dass der Einsatz von EM in der Medizin immer mehr Anwendung finden wird. Zunächst beschränkt er sich auf kleinere Einsatzgebiete. Wenn positive Wirkungen nachweisbar sind, ist eine Ausweitung der Anwendung sehr wahrscheinlich, bis die Therapiemöglichkeiten auch im Alltag von Ärztinnen und Ärzten angekommen sind. Dies ist ein langer Prozess und es wird immer Mediziner geben, die sich gegen den Fortschritt sträuben, und andere, die ihn fördern. Zudem kann davon ausgegangen werden, dass mit vielen verschiedenen Kombinationen an Bakterienstämmen experimentiert wird – nicht nur mit der Original-Lösung von Prof. Dr. Higa. Variationen in der Zusammensetzung können positive Effekte verstärken und sind daher sehr interessant für die Wissenschaft. Es ist für Forscher schwer vorstellbar, dass ein einziges EM-Produkt die Lösung für alle Probleme ist.

Ausblick auf weiterentwickelte Anwendungsmöglichkeiten

Wer sich mit EM beschäftigt, fragt sich unweigerlich, wie die EM-Technologie zum Nutzen der Gesellschaft und Umwelt optimal eingesetzt werden kann. Hintergrund dieses Ratgebers war es, Ihnen die Nutzung in den eigenen vier Wänden näherzubringen. Dafür haben Sie Hintergrundwissen und viele nützliche Tipps zu den Bereichen Gartenbau, Ernährung, Wasser, Reinigung und Tierhaltung erhalten. Diese Ideen können leicht weitergeführt werden. Wie sähe eine großflächigere Anwendung aus? Landwirte auf der ganzen Welt machen es vor. Sie verwenden EM zur Behandlung der Äcker, schützen ihre Pflanzen und steigern die Erträge. Sie reinigen damit Ställe und versorgen erkrankte Tiere. Eine großräumige Anwendung ist also möglich. Im Hinblick auf die anderen Lebensbereiche könnte ein Ausbau des Angebots so aussehen.

Ausblick 1:
Gerade in Großstädten ist die Luft durch den Stadtverkehr mit Feinstaub und Schadstoffen belastet, die die Gesundheit beeinträchtigen. Es gibt bereits Filteranlagen, die die Stadtluft sukzessive reinigen. Eine Kombination herkömmlicher Stadtluftreiniger mit Effektiven Mikroorganismen könnte die Luftqualität nachhaltiger verbessern. Die Menschen in den Städten fühlen sich ausgeglichener und vitaler. In besonders stark belasteten Bereichen könnten grüne Ruheoasen geschaffen werden – lichtdurchflutete Räume, in denen die Raumluft mit EM angereichert ist. Um einen ganzheitlichen Ansatz zu verfolgen, sollte die Ausstattung der Räume durch Möbel und Zimmerpflanzen und beruhigende Musik zur Stressreduzierung der Stadtbewohner beitragen.

Ausblick 2:
Laut dem Umweltbundesamt sind die Verkehrsemissionen zwischen 1990 und 2020 um mehr als 6 % angestiegen. Im Kontext der Klimaschutzmaßnahmen ist eine Reduktion dringend nötig. In diesem Zusammenhang gibt es bislang wenig Forschung. Um die Belastung zu reduzieren, könnte einerseits ein Motor entwickelt werden, der eine Mischung aus EM und Kraftstoff verarbeiten kann. Andererseits sollte insbesondere für Dieselfahrzeuge ein spezieller Partikelfilter konzipiert werden. Es gibt Bakterien, die Kohlenmonoxid und andere Abgasbestandteile verstoffwechseln und abbauen können. Diese würden die Grundlage der Mikrobenmischung bilden. Am Max-Planck-Institut in Bremen wird daran geforscht, mit Hilfe dieser Bakterien aus Abgasen Biokraftstoffe zu gewinnen (Lemaire/ Wagner 2021).

Ausblick 3:
Um vielen Menschen die positiven Wirkungen der EM zu ermöglichen, ist auch ein großflächiger Einsatz bei Lebensmitteln und Getränken denkbar. Gerade in großen Unternehmen und öffentlichen Einrichtungen, wie Kindergärten, Schulen und Universitäten, gibt es Kantinen. Durch den Zusatz von EM-X Gold oder EMIKOSAN, die für Kinder und Erwachsene geeignet sind, kann die Darmflora nachhaltig positiv beeinflusst werden. Auf diese Weise werden Allergien, Krankheiten und daraus entstehende Kosten reduziert. Die dadurch eingesparten Gelder wären dann frei für die Finanzierung der jeweiligen Anwendung.

Die vorgestellten Szenarien sind Zukunftsvisionen, die vielleicht nie umgesetzt werden. Verstehen Sie diese Visionen als Impuls, selbst über Verbesserungsmöglichkeiten nachzudenken und gute Ideen an verantwortliche Stellen weiterzuleiten oder Projekte zur Erforschung zu initiieren. Wer etwas verändern will, sollte sich persönlich dafür einsetzen und nicht warten, denn Veränderung beginnt immer bei uns selbst.

Die Rolle von Effektiven Mikroorganismen im ökologischen Kontext

Der Klimawandel ist seit einigen Jahren fester Bestandteil der Berichterstattung in den Medien und der öffentlichen Diskussion. Laut einer Umfrage des Umweltbundesamts aus dem Jahr 2022 stehen Umwelt- und Klimaschutz bei den Befragten an 5. Stelle der wichtigsten Themen. Nach Ansicht der Teilnehmenden haben sich die verantwortlichen Akteure unterschiedlich gut für Umweltschutz-Themen eingesetzt. Umweltverbände wurden hierbei am besten bewertet (69 %). Schlusslicht mit 15 % ist die Industrie. 23 bis 30 % der Befragten bestätigten die Aussage, dass die Bundesregierung, Städte und Gemeinden sowie die Bürger selbst genug für den Umweltschutz getan hätten. Zum Teil zeigt sich ein verändertes Konsumverhalten. 46 % der Haushalte beziehen Ökostrom. 30 % achten beim Kauf von Haushaltsgeräten stark auf die Energieeffizienz. Freiwillige Kompensationszahlungen bei Flugreisen leistete nur ein geringer Anteil. 2022 wurde der Wert nicht erfragt.

Wie Sie sehen, ist hier noch viel Luft nach oben. Um selbst einen Beitrag zur Verbesserung der Umwelt zu leisten, können Sie EM-Produkte als nachhaltige Alternative zu herkömmlichen Düngern, Pflanzenschutzmitteln und Haushaltsreinigern verwenden. In der Landwirtschaft ist der Effekt noch größer, da EM auf einer größeren Fläche und nicht nur in einem einzelnen Haushalt genutzt werden. Auch Unternehmen und Arbeitgeber können mit gutem Beispiel vorangehen. Seebacher et al. (2012) zeigen in ihrer Übersichtsarbeit, dass nachhaltiges Verhalten ansteckend wirkt. Durch die Sozialisierung in der Arbeitswelt im Allgemeinen und in Unternehmen im Speziellen entwickeln

Arbeitnehmer feste Routinen. Durch Anreize des Arbeitgebers treten Lerneffekte ein. Diese können vom Arbeitsleben in das Privatleben übertragen werden. Beispiele dafür sind die kostenfreie Bereitstellung gesunder Lebensmittel wie Obst und Gemüse, aber auch die Belohnung von Mitarbeitenden, die mit dem Fahrrad zur Arbeit fahren. Durch zusätzliche Angebote wie Ernährungsberatung, gemeinsame Kochkurse, Duschmöglichkeiten oder einen Reparaturservice können neue Angebote schnell etabliert werden. In diesem Zusammenhang ist auch der Einbezug von EM denkbar. Je nach Branche können EM direkt zur Optimierung von Prozessen und zur Kosteneinsparung genutzt werden. Im Bereich der nachhaltigen Mitarbeiterbindung und Gesundheitsförderung sollten zudem EM-Produkte im Unternehmen etabliert werden. Die ökologische Reinigung mit EM ist nur ein Beispiel, das in jeder Firma interessant sein könnte. Der Aufbau nachhaltiger Projekte und Initiativen durch die Belegschaft ist eine Option, den Teamgeist und die Identifizierung mit dem eigenen Arbeitgeber zu stärken. Wie würde es Ihnen gefallen, gemeinsam mit den Kollegen und Kolleginnen einen Betriebsgarten anzulegen, in dem Sie mit EM arbeiten? Küchenabfälle aus der Kantine oder Teeküche können zu Bokashi fermentiert und zum Düngen verwendet werden. Im Sommer holen Sie sich dann mittags frisches Obst oder Gemüse direkt aus dem Garten oder Sie kochen einmal wöchentlich gemeinsam und halten ein Schwätzchen.

Mit EM können Sie sowohl im Großen als auch im Kleinen etwas für die Umwelt und den Klimaschutz tun. Probieren Sie es aus.

Bonus: 30 Rezepte mit Effektiven Mikroorganismen

Nachdem Sie die Theorie zu EM verinnerlicht haben, beginnt nun die Anwendung in der Praxis. Dabei werden die Rezepte den Bereichen Ernährung, Körperpflege, Haushalt sowie Wohnumfeld und Garten zugeordnet, damit Sie schneller das Gesuchte finden. Für einen leichten Einstieg ist es ratsam, dass Sie vorerst ein- bis zweimal pro Woche ein Rezept ausprobieren. Stressen Sie sich nicht, indem Sie täglich etwas anderes machen wollen. Bei den meisten Anwendungen, zum Beispiel im Garten, kommt es ohnehin auf die kontinuierliche Ausbringung der EM an.

Ernährung

Essen und Trinken sind menschliche Grundbedürfnisse. Aber es geht um so viel mehr als die Aufnahme von Nährstoffen. In vielen Ländern gehören bestimmte Gerichte zur kulturellen Identität. Über Ernährungsgewohnheiten spiegelt sich die soziale Schicht wider. Unsere Essgewohnheiten können anderen zeigen, wie es uns geht und ob uns unsere Gesundheit wichtig ist. Wenn Sie Rezepte ausprobieren, dann machen Sie es bewusst und aufmerksam. Hier können Sie am kreativsten werden, was die Nutzung von EM angeht. Probieren Sie verschiedene Kombinationen an EM-Produkten, vermischt mit qualitativ hochwertigen Zutaten und intensiven Gewürzen, aus. Oder verfeinern Sie Lieblingsspeisen mit einer Prise EM-Meersalz-Gold. Seien Sie neugierig und offen. Erfahren Sie Effektive Mikroorganismen am eigenen Körper. Viel Spaß beim Kochen!

HAUSGEMACHTES SAUERKRAUT

1 Glas (500 g) | 35 Min. | einfach

Zutaten

½ Weißkohl
1 Karotte
10 g EM-Meersalz
1 Lorbeerblatt
2 Wacholderbeeren

Utensilien:

Glas mit mindestens 500 ml Fassungsvermögen oder mehrere kleine Gläser sowie eine große Schüssel

Nährwerte p. P.

Brennwert: 78,7 kcal
Fett: 0,5 g
Kohlenhydrate: 11,7 g
Eiweiß: 3,2 g

1 Spülen Sie das Glas vorab mit heißem Wasser aus. Schneiden Sie den Weißkohl in feine Scheiben und raspeln Sie die Karotte.

2 Geben Sie alles in die Schüssel und streuen Sie das EM-Meersalz darüber. Nun vermengen und kneten Sie alles mit den Händen gut durch, sodass das Salz gut verteilt wird. Lassen Sie das Salz circa 10 Minuten einziehen und kneten Sie das Kraut im Anschluss noch einmal zwei Minuten durch.

3 Durch das austretende Wasser sollte sich eine Salzlake in der Schüssel bilden. Füllen Sie das vorbereitete Glas mit dem Weißkraut und den Karottenraspeln. Drücken Sie die Schichten gut nach unten, sodass wenig Luft dazwischen bleibt. Platzieren Sie das Lorbeerblatt und die Wacholderbeeren zwischen den Krautschichten.

4 Gießen Sie das Kraut bei Bedarf mit Salzlake auf. Diese können Sie aus einem Liter Wasser und 2 Esslöffeln EM-Meersalz schnell herstellen. Das Kraut muss zum Schluss vollständig bedeckt sein. Lassen Sie aber bis zum Glasrand 3 cm Platz für den Gärungsprozess.

5 Verschließen Sie das Glas mit dem Deckel und lagern Sie es bei Zimmertemperatur an einem dunklen Ort. Öffnen Sie den Deckel täglich kurz, um die Gärgase entweichen zu lassen. Die Fermentation dauert 3 bis 4 Wochen.

Haltbarkeit: ungeöffnet 1 Jahr, nach Anbruch 2 Monate

Tipp: Sauerkraut am besten zu deftiger Hausmannskost, wie Rostbratwürste oder Schweinebraten, reichen. Wenn Sie Kümmel hinzufügen, wird das Sauerkraut leichter verdaulich.

SCHARFE, FERMENTIERTE ROTE BETE MIT EDAMAME

1 Glas (500 g) | 30 Min. | mittel

Zutaten

125 g frische Rote Bete
70 g Edamame (frisch oder TK)
2 EL EM-Meersalz Gold
1 EL Sojasauce
1 TL Wasabi-Paste oder Meerrettich

Utensilien:

Schüssel und ein Glas mit 500 ml Fassungsvermögen

Nährwerte p. P.

Brennwert: 37,1 kcal
Fett: 1,1 g
Kohlenhydrate: 3,4 g
Eiweiß: 2,7 g

1 Spülen Sie das Glas vorher mit kochendem Wasser aus. Kochen Sie die Edamame (Bohnen) drei Minuten in Salzwasser. Das Wasser können Sie im Anschluss abgießen.

2 Bereiten Sie als Nächstes die Rote Bete vor. Ziehen Sie am besten Einmalhandschuhe an, da Rote Bete stark abfärbt. Schälen Sie die Rote Bete und raspeln Sie diese mit einer Küchenmaschine oder schneiden Sie sie mit dem Messer in kleine Würfel.

3 Geben Sie die Rote Bete und die gekochte Edamame in eine Schüssel und vermischen Sie beides miteinander.

4 Nehmen Sie nun eine kleine Schale oder Tasse zur Hand. Darin verrühren Sie die Sojasauce und die Wasabi-Paste. Wenn Sie kein Wasabi zu Hause haben, können Sie alternativ scharfen Meerrettich nehmen. Vermengen Sie beides gut mit einem Löffel oder einem kleinen Schneebesen, sodass keine Klümpchen bleiben.

5 Geben Sie die Marinade nun über das vorbereitete Gemüse und vermischen Sie alles gut miteinander. Füllen Sie das vorbereitete Glas mit der Gemüsemischung, sodass es zu ¾ gefüllt ist.

6 Nun gießen Sie alles mit Salzlake auf. Dafür lösen Sie in einem Liter Wasser zwei Esslöffel EM-Meersalz Gold auf. Füllen Sie die Lake in das Glas, sodass alles vollständig bedeckt ist. Achten Sie darauf, dass für den Gärprozess noch 3 cm Platz bis zum Rand des Glases sind.

7 Verschließen Sie das Glas mit dem Deckel und lassen Sie es für 3 Tage bei Zimmertemperatur gären.

8 Nach Abschluss der Fermentation sollte es kühl gelagert werden.

9 Haltbarkeit: 4 Wochen

Tipp: Schmeckt sehr gut zu Kartoffelauflauf, Kartoffelrösti und Reis.

Hinweis: Bei einem Deckel mit Gärspund können Sie das Glas fest verschließen. Arbeiten Sie ohne Gärspund, legen Sie den Deckel nur auf, damit die entstehenden Gase entweichen können. Kontrollieren Sie täglich, ob das Gemüse noch mit Salzlake bedeckt ist. Wenn nicht, drücken Sie es nach unten oder beschweren es, ansonsten kann sich Schimmel bilden.

FERNÖSTLICH FERMENTIERTE KAROTTEN

1 Glas (400 g) | 40 Min. | mittel

Zutaten

1 Frühlingszwiebel
0,5 cm frischer Ingwer
4 Karotten
5 g frischer Koriander
Saft einer ½ Limette
1 TL Zucker
1 TL Currypaste
½ TL Kurkuma
½ TL Kreuzkümmel
1 Prise EM-Meersalz Gold
1 Prise EM-Pfeffer
1 TL Mandelmus
85 ml Gemüsebrühe

Utensilien:

kleiner Topf und ein Glas mit 400 ml Fassungsvermögen

Nährwerte p. P.

Brennwert: 136,7 kcal
Fett: 2,8 g
Kohlenhydrate: 21 g
Eiweiß: 3,3 g
Haltbarkeit: 6 Monate

1 Spülen Sie das Glas vorab mit kochendem Wasser aus. Waschen Sie die Frühlingszwiebel und schneiden Sie sie in kleine Ringe. Dann schälen Sie den Ingwer und schneiden ihn klein.

2 Im nächsten Schritt vermischen Sie in dem bereitgestellten Topf die Gemüsebrühe, Mandelmus, EM-Pfeffer, EM-Meersalz Gold, Currypaste, Kreuzkümmel, Kurkuma, die Frühlingszwiebelringe und den Ingwer.

3 Lassen Sie alles kurz aufkochen und anschließend wieder abkühlen.

4 Schälen Sie im nächsten Schritt die Karotten und schneiden Sie diese in Scheiben.

5 Danach waschen und hacken Sie den Koriander.

6 Füllen Sie das vorbereitete Glas mit den Karottenscheiben und dem Koriander und geben Sie den Limettensaft dazu.

7 Füllen Sie alles mit dem abgekühlten Sud aus dem Topf auf, sodass das Gemüse vollständig bedeckt ist. Sollte der Sud nicht ausreichen, können Sie mit Salzlake bis 3 cm unter dem Rand auffüllen. Dafür vermengen Sie zwei Esslöffel EM-Meersalz mit einem Liter Wasser.

8 Verschließen Sie das Glas gut und lassen Sie es bei Zimmertemperatur für mindestens drei Tage fermentieren. Lagern Sie die fermentierten Karotten kühl.

Tipp: Eignet sich gut als würzige Beilage zu Kartoffeln, Tofu und Reis.

MANGO-PAPRIKA-FERMENT

1 Glas (400 g) | 40 Min. | mittel

Zutaten

1 rote Paprika
½ reife Mango
1 Stängel Zitronengras
5 g frischer Koriander
1 cm frischer Ingwer
1 Prise EM-Meersalz Gold
1 TL Sambal Manis
Schalenabrieb einer ½ Bio-Zitrone
½ TL Korianderpulver

Utensilien:

Topf und ein Glas mit 400 ml Fassungsvermögen

Nährwerte p. P.

Brennwert: 73,3 kcal
Fett: 0,9 g
Kohlenhydrate: 12,6 g
Eiweiß: 1,6 g

1 Schälen Sie als Erstes den Ingwer und schneiden Sie ihn in dünne Scheiben. Entfernen Sie die feste Hülle des Zitronengrases und teilen Sie es in 2 cm lange Stücke.

2 Geben Sie den vorbereiteten Ingwer, Zitronengras, Sambal Manis, den Abrieb der halben Zitrone und das Korianderpulver mit 100 ml Wasser in den Topf und kochen Sie alles kurz auf. Lassen Sie den Sud im Anschluss abkühlen.

3 Schälen Sie als Nächstes die Mango und lösen Sie den Kern heraus. Das ist sehr gut mit einem Esslöffel möglich. Schneiden Sie das Fruchtfleisch in mundgerechte Stücke.

4 Waschen und entkernen Sie die Paprika. Schneiden Sie die Paprika in Würfel. Hacken Sie den frischen Koriander klein.

5 Schichten Sie das Mangofruchtfleisch, die Paprika und den Koriander in das vorbereitete Glas.

6 Gießen Sie alles mit dem erkalteten Sud auf, sodass alles bedeckt ist. Sollte dieser nicht ausreichen, füllen Sie es bis 3 cm unter dem Glasrand mit Salzlake auf. Diese stellen Sie her, indem Sie zwei Esslöffel EM-Meersalz mit einem Liter Wasser vermischen.

7 Verschließen Sie das Glas und lassen Sie es mindestens drei Tage bei Zimmertemperatur gären.

8 Lagern Sie das Ferment nach Abschluss des Gärprozesses kühl.

Haltbarkeit: 6 Wochen

Tipp: Das fruchtig säuerliche Ferment eignet sich gut für asiatische Gerichte. Es passt aber auch gut als Topping zu Salaten und verleiht ihnen das gewisse Extra.

FERMENTIERTER KNOLLENSELLERIE MIT KOKOSMILCH NACH THAI-ART

1 Glas (500 g) | 40 Min. | mittel

Zutaten

½ Knollensellerie
1 Stängel Zitronengras
5 g frisches Thai-Basilikum
50 ml Kokosmilch
1 Prise Chilipulver
1 TL Currypaste
1 TL gehackte Mandeln
1 TL EM-Meersalz Gold
200 ml Wasser

Utensilien:

Topf und ein Glas mit 500 ml Fassungsvermögen

Nährwerte p. P.

Brennwert: 127,2 kcal
Fett: 8 g
Kohlenhydrate: 6,2 g
Eiweiß: 4 g

1 Spülen Sie das Glas vorab mit kochendem Wasser aus.

2 Geben Sie Wasser, Kokosmilch, Chilipulver, Currypaste, die gehackten Mandeln und das EM-Meersalz in den Topf und vermengen Sie es gut mit einem Schneebesen.

3 Lassen Sie es zwei Minuten aufkochen und danach wieder abkühlen.

4 Entfernen Sie die feste Hülle des Zitronengrases und schneiden Sie es in kleine Stücke.

5 Schälen Sie den Knollensellerie und schneiden Sie ihn in Würfel.

6 Danach waschen Sie das Basilikum und zupfen die Blätter ab.

7 Im Anschluss füllen Sie Zitronengras, Basilikum und Sellerie in das vorbereitete Glas und geben nun den kalten Sud hinein.

8 Das Gemüse sollte vollständig bedeckt und es sollten noch 3 cm Platz bis zum Rand sein. Verschließen Sie das Glas und lassen Sie es 3 bis 5 Tage bei Zimmertemperatur fermentieren.

9 Wenn die Fermentation abgeschlossen ist, lagern Sie das Ferment kühl.

Haltbarkeit: 4 bis 6 Wochen

Tipp: Das Ferment passt gut zu Reis und Tofu. Wer es gern scharf mag, kann mehr Chilipulver hinzufügen.

FRUCHTIG FRISCHE EM-KRÄUTERLIMONADE

ca. 1000 ml 45 Min. einfach

Zutaten

2 Saft-Orangen
400 ml Mineralwasser
200 ml Leitungswasser
200 ml EM-X-Gold-Fermentationsgetränk
5 Stängel Minze
5 Stängel Zitronenmelisse
5 Stängel Rosmarin
5 Stängel Thymian
3 Wacholderbeeren
1 Zitrone
Bei Bedarf Honig zum Süßen

Utensilien:

Saftpresse, einen Topf und einen Krug

Nährwerte p. P.

Brennwert: 34 kcal
Fett: 0,7 g
Kohlenhydrate: 5,8 g
Eiweiß: 0,8 g

1 Halbieren Sie zunächst die Orangen und die Zitrone.

2 Pressen Sie den Saft heraus und geben Sie ihn in den bereitgestellten Topf.

3 Waschen Sie die Kräuter gründlich.

4 Nun füllen Sie 200 ml Leitungswasser in den Topf und erhitzen die Wasser-Saft-Mischung. Aber Achtung: Es sollte nicht kochen.

5 Geben Sie als Nächstes die Wacholderbeeren, EM-X Gold und die Kräuter in den Topf und lassen Sie alles mindestens eine halbe Stunde ziehen.

6 Gießen Sie die Flüssigkeit durch ein Sieb in den Krug. Schmecken Sie die Limonade mit Honig ab, solange sie noch warm ist und sich der Honig gut auflöst.

7 Danach lassen Sie die Limonade erkalten.

8 Zum Schluss füllen Sie den Krug mit Mineralwasser auf und stellen ihn in den Kühlschrank.

9 Zum Servieren befüllen Sie ein paar Saftgläser. Je nach Belieben können Sie Eiswürfel hinzufügen. Dekorieren Sie zum Schluss jedes Glas mit einem Stängel Minze.

Tipp: Tolle Erfrischung an heißen Sommertagen!

EM-SUPERFOOD-CHIAPUDDING

6 Port. | 20 Min. zzgl. Quellzeit | einfach

Zutaten

60 g Chiasamen
400 ml Hafer- oder Sojadrink
200 ml EM-X-Gold-Fermentationsgetränk
1 Banane
200 g Brombeeren
1 Orange
1 cm frischer Ingwer
50 g Mandeln
50 g Kokoschips

Utensilien:

eine Schüssel, einen Standmixer und sechs Dessertgläschen

Nährwerte p. P.

Brennwert: 682,7 kcal
Fett: 42,3 g
Kohlenhydrate: 47 g
Eiweiß: 16,3 g

1 Vermischen Sie den Pflanzendrink mit 100 ml EM-X Gold in einer Schüssel.

2 Rühren Sie nun gründlich die Chiasamen unter. Zu Beginn schwimmen sie noch oben, das sollte Sie jedoch nicht irritieren.

3 Lassen Sie die Chiasamen **über Nacht** quellen und rühren Sie vor dem Schlafengehen und am nächsten Morgen noch einmal sorgfältig um, sodass sich keine Klumpen bilden.

4 Schälen Sie die Banane und schneiden Sie sie in Scheiben. Waschen Sie die Brombeeren und legen Sie diese erst einmal beiseite.

5 Nun schälen Sie die Orange und den Ingwer und schneiden beides klein.

6 Geben Sie das vorbereitete Obst mit 100 ml EM-X Gold in den Standmixer und pürieren Sie es, bis eine sämige Konsistenz erreicht ist. Hacken Sie nun die Mandeln grob.

7 Zum Servieren füllen Sie die Dessertgläser zuerst bis zur Hälfte mit Chiapudding. Danach schichten Sie das pürierte Obst darauf. Toppen Sie das Ganze mit den gehackten Mandeln und Kokoschips. Sie können die Dessertgläser nun kalt stellen oder gleich servieren.

Tipp: Als Topping eignen sich Minzblätter, Kokosraspel oder Gojibeeren. Der EM-Superfood-Chiapudding ist eine gesunde Alternative zu herkömmlichen Fertigdesserts. Je nach Geschmack kann natürlich mit Agavendicksaft nachgesüßt werden.

LECKERES ROTE-BEETE-SANDWICH MIT EM

4 Port. | 60 Min. zzgl. Ziehzeit | mittel

Zutaten

2 mittelgroße frische Rote Beete
8 Scheiben Körner- oder Mischbrot
50 g Rucola
200 g Räuchertofu
1 Dose Kichererbsen
1 Zwiebel
2 bis 3 Zehen Knoblauch
60 g Tahin (Sesammus)
1 EL scharfer Meerrettich aus dem Glas
1–2 EL Zitronensaft
200 ml Sojasauce
100 ml EM-X-Gold-Fermentationsgetränk
EM-Meersalz Gold
EM-Pfeffer
Kreuzkümmel
Rapsöl zum Braten

Utensilien:

mittelgroße Vorratsdose, zwei Pfannen, eine Schüssel, ein Sieb, einen Pürierstab und einen Toaster

Einlegen des Tofus:

1 Dafür vermischen Sie die Sojasauce mit dem EM-X Gold in der Vorratsdose. Schneiden Sie den Räuchertofu in Scheiben und legen Sie diese hinein.

2 Lassen Sie den Tofu mindestens drei Stunden in der Marinade ziehen.

Vorbereitung des Sandwiches:

1 Schälen Sie die Rote-Beete-Knollen und schneiden Sie sie in dünne Scheiben. Beachten Sie, dass Rote Bete stark abfärbt. Ziehen Sie am besten Einmalhandschuhe an. Schälen Sie die Zwiebel und schneiden Sie diese in Ringe.

2 Erhitzen Sie in der Pfanne das Rapsöl und braten Sie die Zwiebelringe darin an, bis sie glasig sind. Nehmen Sie die Zwiebelringe heraus und legen Sie sie in die bereitgestellte Schüssel.

3 Nun braten Sie in der Pfanne die Rote-Beete-Scheiben für 20 bis 30 Minuten bei kleiner bis mittlerer Hitze an. Geben Sie bei Bedarf Öl hinzu und wenden Sie das Gemüse regelmäßig.

4 Nehmen Sie den Tofu aus der Marinade und tupfen Sie ihn trocken.

5 Erhitzen Sie Öl in einer zweiten Pfanne und braten Sie die Räuchertofuscheiben darin bei geringer Hitze kross an. Wenden Sie die Scheiben gelegentlich.

6 Öffnen Sie die Dose mit den Kichererbsen und geben Sie sie in ein Sieb. Spülen Sie die Kichererbsen gut mit klarem Wasser ab und lassen Sie sie abtropfen.

Nährwerte p. P.

Brennwert: 570,9 kcal
Fett: 16,5 g
Kohlenhydrate: 70,8 g
Eiweiß: 28,1 g

Schälen Sie den Knoblauch.

7 Geben Sie die Kichererbsen, das Tahin, den Knoblauch, den Zitronensaft und einen Esslöffel Meerrettich in einen hohen Behälter und pürieren Sie alles mit dem Pürierstab.

8 Geben Sie schluckweise EM-X Gold hinzu, bis die Konsistenz cremig ist.

9 Den Hummus können Sie nun mit EM-Meersalz, EM-Pfeffer und Kreuzkümmel abschmecken und zur Seite stellen.

10 Im Anschluss waschen Sie den Rucola und toasten die Brotscheiben an.

Belegen des Sandwiches:

1 Bestreichen Sie beide Brotscheiben mit Hummus. Verteilen Sie auf der unteren Scheibe etwas Rucola.

2 Schichten Sie nun Rote-Beete-Scheiben und Zwiebelringe darauf.

3 Verstreichen Sie einen Klecks Meerrettich darauf und legen Sie zwei bis drei Tofuscheiben darauf.

4 Decken Sie das Sandwich mit der zweiten Brotscheibe zu und drücken Sie diese etwas fest.

5 Zum Schluss halbieren Sie das Sandwich mit einem scharfen Messer.

6 Servieren Sie das Sandwich noch warm.

Tipp: Durch die Rote Beete sieht das Sandwich nicht nur farbenfroh aus, sondern ist auch ein gesunder Pausensnack für Arbeit und Schule. Es kann am Vorabend gut vorbereitet werden. Einfach in Butterbrot-papier wickeln und mitnehmen.

EM-X-GOLD-KÖRNERBROT OHNE MEHL

1 Brot

15 Min. zzgl. Ruhe- & Backzeit

einfac h

Zutaten

75 g kernige Haferflocken
75 g zarte Haferflocken
130 g Sonnenblumenkerne
75 g Leinsamen
45 g Chiasamen
60 g ganze Haselnüsse
20 g Kürbiskerne
20 g Flohsamenschalen
1 TL EM-Ur-Meersalz
3 EL Olivenöl
350 ml EM-X-Gold-Fermentationsgetränk
2 EL Agavendicksaft
Fett

Utensilien:

Schüssel und Kastenform

Nährwerte p. P.

Brennwert: 2592,8 kcal
Fett: 171 g
Kohlenhydrate: 137,3 g
Eiweiß: 89,4 g

1 Vermischen Sie alle trockenen Zutaten gut in der Schüssel.

2 Geben Sie nun EM-X Gold, Öl und Agavendicksaft hinzu und kneten Sie den Teig mit den Händen oder mit einer Küchenmaschine, bis eine klebrige Masse entsteht.

3 Decken Sie die Schüssel mit dem Teig mit einem sauberen Geschirrtuch ab und lassen Sie ihn über Nacht an einem warmen Ort ruhen.

4 Am nächsten Tag fetten Sie die Kastenform gut ein und geben den Teig hinein. Verstreichen Sie ihn mit einem Spatel, damit keine Luftblasen in der Masse sind.

5 Den Backofen können Sie inzwischen auf 180 °C Ober-/Unterhitze vorheizen. Backen Sie bei erreichter Temperatur das Brot für 30 Minuten auf mittlerer Schiene.

6 Nach diesen 30 Minuten lösen Sie den heißen Brotlaib vorsichtig aus der Form, drehen ihn um und schieben ihn wieder in den Ofen.

7 Nach weiteren 40 Minuten entnehmen Sie das Brot und lassen es vollständig abkühlen, bevor Sie es anschneiden und servieren.

Tipp: Dies ist ein sehr ballaststoffreiches Brot. Es schmeckt frisch am besten mit Butter und etwas Salz. Aber Achtung: Die vielen Kerne und Saaten wirken verdauungsfördernd. Nicht zu viel auf einmal essen.

EM-MEAL-PREP – BUNTER COUSCOUS-SALAT

4 Port. 40 Min. einfach

Zutaten

250 g Couscous
300 ml Gemüsebrühe
300 ml EM-X-Gold-Fermentationsgetränk
1 rote Paprika
1 gelbe Paprika
250 g Cherrytomaten
½ Salatgurke
3 Frühlingszwiebeln oder
2 Schalotten
1 kleine Dose Mais
50 g Oliven
1 Bund Petersilie
6 EL Olivenöl
2 EL Essig
3 EL Zitronensaft
2 EL Ajvar
EM-Pfeffer
EM-Meersalz Gold

Utensilien:

Schüssel, ein Sieb und einen Wasserkocher

Nährwerte p. P.

Brennwert: 1129,9 kcal
Fett: 54 g
Kohlenhydrate: 124,3 g
Eiweiß: 21 g

1 Beginnen Sie damit, das Brühpulver mit heißem Wasser aufzugießen. Geben Sie EM-X Gold hinzu und vermischen Sie alles gut.

2 Geben Sie den Couscous in eine Schüssel und gießen Sie die Brühe dazu. Verrühren Sie alles gut und lassen Sie den Couscous mindestens zehn Minuten quellen.

3 In der Zwischenzeit können Sie das Gemüse waschen und Paprika, Tomaten und Gurke in Würfel schneiden. Schneiden Sie die Frühlingszwiebeln in Ringe und geben Sie den Mais in das Sieb zum Abtropfen.

4 Im Anschluss waschen und hacken Sie die Petersilie und halbieren oder vierteln die Oliven. Lockern Sie nun den aufgequollenen Couscous mit einer Gabel auf.

5 Geben Sie nun das vorbereitete Gemüse hinzu und vermengen Sie alles gut. Verrühren Sie separat in einer kleinen Schale Olivenöl, Essig, Zitronensaft, Ajvar, EM-Pfeffer und EM-Meersalz miteinander und geben Sie das Dressing über den Couscous-Salat.

6 Vermischen Sie alles gut. Bei Bedarf können Sie den Couscous mit weiteren Gewürzen abschmecken. Wenn Sie den Couscous mit auf die Arbeit nehmen wollen, füllen Sie ihn in kleine Vorratsdosen um und stellen Sie ihn kühl.

Tipp: Der Salat lässt sich gut vorbereiten und mit zur Arbeit oder in die Schule nehmen. Er passt vor allem im Sommer hervorragend zu gegrilltem Fleisch oder Fisch. Ein farbenfroher Hingucker auf jeder Gartenparty!

Körperpflege

Die Körperpflege ist der zweite Bereich, bei dem Sie ganz intensiv erfahren können, wie sich EM auf Sie auswirken. Durch das direkte Auftragen einer Creme oder die Anwendung von mit EM versetzten Shampoos und Seifen spüren Sie, wie sich Ihr Körper im Vergleich zu herkömmlichen Produkten verändert. Freuen Sie sich in Zukunft auf eine glatte und strahlende Haut und glänzendes Haar, die Ihre natürliche Schönheit noch mehr zum Vorschein bringen. Spätestens wenn die Komplimente aus Ihrem sozialen Umfeld kommen und jeder Ihr Geheimnis erfahren möchte, ist die Wirkung der EM in vollem Gang.

EM-DEO-CREME

1 Dose | 15 Min. | einfach

Zutaten

6 TL Mandelöl
2 TL Natron
4 TL EM-Keramikpulver
1 TL EM-X Gold Fermentationsgetränk
5 Tropfen Aromaöl, Duft nach eigenem Belieben

Utensilien:

kleine Schüssel und eine kleine Creme-Dose

1 Spülen Sie die Gefäße vorab mit kochendem Wasser gründlich aus.

2 Geben Sie Natron und EM-Keramikpulver in die Schüssel und vermischen Sie alles gut miteinander.

3 Geben Sie nun schluckweise unter ständigem Rühren das Mandelöl hinzu, sodass keine Klümpchen entstehen. Wenn die Masse cremig ist, rühren Sie das Aromaöl unter.

4 Die fertige Creme füllen Sie in die vorbereitete Dose.

Tipp: Die EM-Deo-Creme eignet sich zur täglichen Anwendung, um unangenehme Gerüche zu vermeiden und die Haut in den Achseln zu pflegen. Dafür einfach eine kleine Menge mit den Fingern in den Achseln verteilen und einmassieren.

2-IN-1-HAFERFLOCKEN-PEELINGMASKE MIT EM

1 Maske 20 Min. einfach

Zutaten

2 EL zarte Bio-Haferflocken
20–30 ml EM-X-Gold-Fermentationsgetränk
½ TL EM-Keramikpulver
Optional: EM-Gesichtscreme

Utensilien:

Schale und einen Pürierstab

Herstellung:

1 Geben Sie die Haferflocken in die Schale und bedecken Sie sie vollständig mit EM-X Gold.

2 Lassen Sie die Haferflocken mindestens 15 Minuten darin quellen und mixen Sie sie im Anschluss mit dem Pürierstab fein.

3 Als Nächstes mischen Sie das EM-Keramikpulver unter.

Anwendung:

1 Reinigen Sie Ihr Gesicht mit lauwarmem Wasser und tupfen Sie es mit einem Handtuch trocken.

2 Im zweiten Schritt nehmen Sie den Rest der Masse und verteilen diese mit den Händen gleichmäßig im Gesicht.

3 Lassen Sie die Maske 20 Minuten einwirken. In dieser Zeit können Sie sich ein wenig hinlegen, um zu entspannen. Verstärken Sie die entspannende Wirkung mit ruhiger Musik oder Naturgeräuschen und einem angenehmen Raumduft.

4 Nach der Einwirkzeit waschen Sie Ihr Gesicht erneut mit lauwarmem Wasser ab und trocknen es.

5 Zum Abschluss der Pflegeeinheit können Sie Ihre Haut mit einer EM-Gesichtscreme pflegen.

Tipp: Die Peelingmaske hilft besonders gut bei Hautproblemen wie Akne. Ihre Haut ist danach frischer, weicher und wird bei regelmäßiger Anwendung weniger Pickel aufweisen. Probieren Sie es aus.

EM-BASILIKUM-MUNDSPÜLUNG

200 ml 30 Min. Einfach

Zutaten

1 Bund frisches Basilikum
100 ml Wasser
100 ml EM-X-Gold-Fermentationsgetränk

Utensilien:

Tasse, einen Wasserkocher, ein Sieb und eine kleine Flasche mit 200 ml Fassungsvermögen, in der die Flüssigkeit aufbewahrt werden kann

1 Spülen Sie die Flasche vorab mit kochendem Wasser gut aus.

2 Waschen und schneiden Sie das Basilikum grob und geben Sie es in die Tasse.

3 Kochen Sie das Wasser auf und gießen Sie es über die Basilikumblätter.

4 Fügen Sie das EM-X Gold hinzu und lassen Sie das Basilikum so lange ziehen, bis die Flüssigkeit abgekühlt ist.

5 Gießen Sie die Flüssigkeit durch ein Sieb ab und füllen Sie es in die vorbereitete Flasche.

6 Die Mundspülung können Sie nach jedem Zähneputzen anwenden. Sie ist auch gut für unterwegs geeignet, wenn Sie keine Zahnbürste dabeihaben.

Tipp: Stellen Sie nicht zu große Mengen her, da das Mundwasser irgendwann abgestanden schmeckt und seine Wirkung verliert. Wer den Geschmack von Basilikum nicht mag, kann alternativ andere Kräuter verwenden, z. B. Salbei, Minze, Thymian oder Kamille.

RELAX-BADESALZ MIT EFFEKTIVEN MIKROORGANISMEN

500 g | 15 Min. zzgl. Ruhezeit | einfach

Zutaten

400 g EM-Ur-Meersalz
100 g Bittersalz
2 EL Backpulver
2 EL Mandelöl
1 Bund getrockneter Lavendel

1 Geben Sie das Bittersalz und 150 g des EM-Ur-Meersalzes in den Standmixer und zerkleinern Sie es, bis es feinkörnig ist.

2 Geben Sie das Pulver in die Schüssel. Fügen Sie das restliche grobkörnige EM-Ur-Meersalz hinzu und vermischen Sie alles gut.

3 Geben Sie im nächsten Schritt das Mandelöl hinzu und vermengen Sie alles.

4 Dafür können Sie die Schüssel oder den Behälter mit einem Deckel verschließen und kräftig schütteln.

5 Lassen Sie das Salz über Nacht ruhen.

6 Am nächsten Tag fügen Sie das Backpulver und die Lavendelblüten hinzu und vermischen alles gut.

7 Füllen Sie das fertige Badesalz in Ihr Aufbewahrungsgefäß.

Tipp: Für ein Bad benötigen Sie 100 g Badesalz. Genießen Sie die reinigende und harmonisierende Wirkung der EM. Lassen Sie die Seele baumeln. Das Badesalz eignet sich sehr gut als Geschenk.

EM-FUSSBAD GEGEN KÄSEFÜSSE

4 Port. | 30 Min. | einfach

Zutaten

2–3 Liter Wasser
6 EL EM-Ur-Meersalz
30 ml EM-blond

Utensilien:

Wasserkocher und eine große Schüssel, in der Ihre Füße ausreichend Platz haben; alternativ geht es auch mit einem Eimer

1 Kochen Sie zwei Liter Wasser auf und geben Sie diese in die Schüssel.

2 Lösen Sie das Meersalz darin auf.

3 Gießen Sie nun mit kaltem Wasser auf, bis die Temperatur nicht mehr als 40 °C beträgt.

4 Fügen Sie das EM-blond hinzu und weichen Sie Ihre Füße täglich 10 bis 15 Minuten ein.

5 Trocknen Sie die Füße danach gründlich ab.

Tipp: Zur Verstärkung der positiven Effekte reiben Sie Ihre Füße zum Abschluss mit einer EM-Fußcreme ein. Um üble Gerüche in Schuhen zu vertreiben, sprühen Sie diese regelmäßig mit einer Lösung aus Wasser und EM-blond ein und lassen sie gut trocknen. Nach Belieben kann der Mischung auch etwas Zimtpulver hinzugegeben werden.

HARMONISIERENDES EM-DUSCHGEL

1 Flasche | 40 Min. | schwierig

Zutaten

30–40 g Naturseife
300 ml Wasser
100 ml EM-X-Gold-Fermentationsgetränk
3 EL Mandelöl
1 TL Speisestärke oder Guarkernmehl
5 TL getrocknete Kamillenblüten

Utensilien:

Topf, eine Reibe und eine Flasche für das Duschgel

1 Spülen Sie die Flasche vorab mit kochendem Wasser aus.

2 Reiben Sie die Naturseife und geben Sie die Raspel in eine Schale.

3 Kochen Sie das Wasser in dem Topf auf und geben Sie die Kamillenblüten hinein. Lassen Sie diese mindestens 15 Minuten ziehen, dann schöpfen Sie sie ab.

4 Fügen Sie nun EM-X Gold und die Seifenraspel hinzu und erhitzen Sie das Ganze auf mittlerer Stufe.

5 Rühren Sie ständig mit einem Schneebesen oder einem Holzlöffel um, bis sich die Seife aufgelöst hat.

6 Fügen Sie nun das Mandelöl hinzu.

7 Um im Anschluss die Flüssigkeit einzudicken, verwenden Sie Speisestärke oder Guarkernmehl. Die Speisestärke müssen Sie in die heiße Flüssigkeit einrühren und aufkochen. Das Guarkernmehl können Sie auch nach dem Abkühlen hinzufügen. Rühren Sie gut um, damit sich keine Klümpchen bilden. Guarkernmehl hat den Vorteil, dass Sie die Konsistenz besser einschätzen können, da Sie im kalten Zustand nach und nach etwas dazugeben.

8 Zum Schluss füllen Sie das fertige Duschgel in die vorbereitete Flasche.

Tipp: Da der Aufwand relativ hoch ist, lohnt sich die Herstellung einer größeren Menge. Damit das Duschgel nicht verdirbt, können Wochenportionen eingefroren werden.

PFLEGENDE GESICHTS- UND KÖRPERLOTION MIT EM

1 Flasche´ | 20 Min. | mittel

Zutaten

50 ml Bio-Kokosöl
50 ml Bio-Aloe-vera
10 ml EM-blond
1 TL EM-Keramikpulver

Utensilien:

Rührschüssel, ein Handrührgerät und einen Behälter für die Lotion

1 Spülen Sie als Erstes den Behälter mit kochendem Wasser aus.

2 Geben Sie das Kokosöl und das Aloe-vera-Gel in die Rührschüssel und schlagen Sie beides cremig auf.

3 Fügen Sie langsam EM-blond und EM-Keramikpulver hinzu und heben Sie es unter die aufgeschlagene Masse. Erhöhen Sie die Menge an EM-Keramikpulver, wenn die Konsistenz zu flüssig ist.

4 Füllen Sie zum Abschluss die Lotion in das Behältnis und verschließen Sie es gut.

Tipp: Wenn sich Bestandteile absetzen, einfach gut schütteln oder mit einem Löffel gut unterrühren. Wer den Geruch von Kokos nicht mag, kann alternativ Olivenöl verwenden.

Haushalt

Der Haushalt, ein leidiges Thema – wenn es doch ein paar kleine Helfer gäbe, die Ihnen die Arbeit abnehmen könnten. Die gibt es! Und zwar in Form von Effektiven Mikroorganismen. Wagen Sie sich an einen neuen Einsatzbereich heran und lassen Sie sich überraschen. Durch die Verdrängung krankheitserregender Keime bleiben Oberflächen länger sauber. Sie investieren weniger Zeit in die Hausarbeit und reinigen dabei ganz natürlich ohne Chemie. Hier werden Sie fündig, wenn Sie Rezepte zur Herstellung der meistgebrauchten Haushaltsreiniger auf EM-Basis suchen. Viel Spaß beim Ausprobieren.

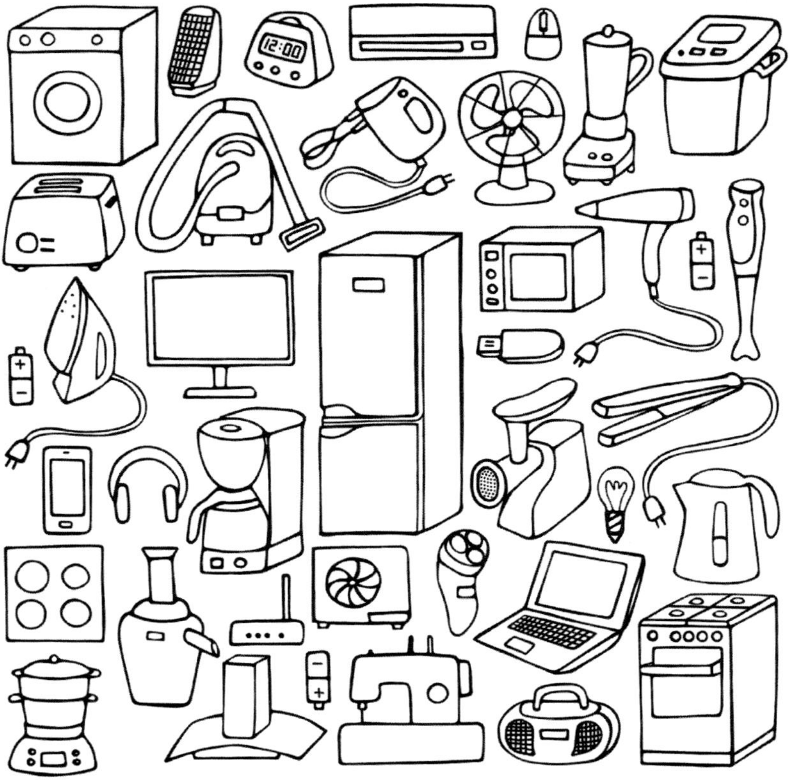

EM-HANDSPÜLMITTEL

1 Flasche | 40 Min. | Mittel

Zutaten

400 ml Wasser
50 ml EM-blond
30 g Kernseife
2 EL Natron
optional 1 Tropfen Zitrus-Aromaöl

Utensilien:

Topf, eine Reibe, einen Kochlöffel, einen Wasserkocher und eine Flasche

1 Spülen Sie die Flasche vorab mit kochendem Wasser aus.

2 Raspeln Sie die Kernseife klein.

3 Kochen Sie das Wasser auf und geben Sie es in den Topf.

4 Fügen Sie die Seifenraspel hinzu und verrühren Sie sie, bis sie sich aufgelöst haben.

5 Fügen Sie unter Rühren EM-blond und Natron hinzu. Lassen Sie die Mischung nun abkühlen.

6 Für einen angenehmen Geruch können Sie einen Tropfen Aromaöl mit Zitrusduft hinzufügen.

7 Füllen Sie das fertige Handspülmittel in die vorbereitete Flasche um.

Tipp: Kernseife und Natron sind in jeder Drogerie erhältlich.

WC-REINIGER MIT EFFEKTIVEN MIKROORGANISMEN

1 Flasche | 50 Min. | Mittel

Zutaten

400 ml Wasser
30 ml EM-blond
20 g Kernseife
1–2 EL Speisestärke
2 EL Zitronensäure

Utensilien:

Topf, eine Reibe, einen Wasserkocher, einen Schneebesen, eine Schüssel und eine Flasche; optimal ist eine alte WC-Reiniger-Flasche wegen des geschwungenen Halses

1 Spülen Sie vorab die Flasche mit heißem Wasser aus.

2 Raspeln Sie die Kernseife klein und kochen Sie 100 ml Wasser auf.

3 Geben Sie das Wasser und die Seifenraspel in den Topf und verrühren Sie es so lange, bis sich die Seife vollständig aufgelöst hat.

4 Lassen Sie die Lauge abkühlen.

5 Geben Sie im nächsten Schritt die Zitronensäure und das EM-blond hinzu.

6 Kochen Sie das restliche Wasser auf und gießen Sie es in die Schüssel.

7 Streuen Sie nun langsam unter ständigem Rühren die Speisestärke ein, bis die Flüssigkeit eindickt.

8 Zum Schluss vermischen Sie beide Flüssigkeiten gut miteinander. Ist die Mischung zu dickflüssig, strecken Sie sie mit Wasser oder EM-blond.

9 Füllen Sie den fertigen WC-Reiniger in die vorbereitete Flasche.

Tipp: Für einen angenehmen Duft einen Tropfen Aromaöl Ihrer Wahl hinzufügen.

DUFTENDER EM-FLÄCHENREINIGER MIT BOKASHI OIL

1 Flasche | 5 Min. | Leicht

Zutaten

1 Liter Wasser
3 EL Apfelessig
30 ml EM-blond
20 Tropfen Bokashi Oil

Utensilien:

Putzeimer und einen Kochlöffel

1 Geben Sie einen Liter Wasser in den Eimer.

2 Fügen Sie den Apfelessig, EM-blond und das Bokashi Oil hinzu und vermischen Sie alles sorgfältig.

3 Nun können Sie gleich mit den Reinigungsarbeiten beginnen.

Tipp: Wer keinen Apfelessig zu Hause hat, kann alternativ Branntweinessig oder Weißweinessig verwenden.

DIY-SPÜLMASCHINEN-TABS MIT EM

40 Tabs | 30 Min. zzgl. Trockenzeit | Schwer

Zutaten

200 g Wasch-Soda
200 g Natronpulver
260 g EM-Ur-Meersalz
100 g Zitronensäure (Pulver)
20 Tropfen Bokashi Oil
60 ml EM-blond

Utensilien:

Schüssel, einen Schneebesen oder Kochlöffel, kleine Alu- oder Silikonförmchen und einen Behälter zur Aufbewahrung

1 Geben Sie Wasch-Soda, Natronpulver, Zitronensäurepulver und EM-Ur-Meersalz in die Schüssel und vermengen Sie alles gut.

2 Nun geben Sie schluckweise EM-blond hinzu und rühren stetig um.

3 Zum Schluss fügen Sie das Bokashi Oil hinzu und verkneten die Mischung mit den Händen.

4 Geben Sie die Masse in die Förmchen, drücken Sie sie gut fest und stellen Sie sie zum Trocknen einige Tage an einen warmen Ort.

5 Mit der Stäbchenprobe können Sie testen, ob die Tabs bereits fest sind. Wenn dem so ist, lösen Sie die Tabs aus den Förmchen und lagern sie in Ihrem Aufbewahrungsbehälter.

Tipp: Als Förmchen eignen sich Pralinenförmchen aus Silikon oder Aluminium. Pro Spülvorgang ist ein Tab ausreichend. Den Tab einfach in das Pulverfach legen.

NACHHALTIGE SCHEUERMILCH MIT EM-KERAMIKPULVER

20 ml | 5 Min. | Leicht

Zutaten

2 EL EM-Keramikpulver
1 EL Natronpulver
1 EL EMa
2 EL Wasser

Utensilien:

Schüssel oder Schale und einen Kochlöffel oder Ähnliches

1 Geben Sie Natron und EM-Keramikpulver in die Schüssel und vermengen Sie es miteinander.

2 Fügen Sie nun löffelweise EMa und Wasser hinzu und verrühren Sie es gut.

3 Geben Sie dann etwas von der selbstgemachten Scheuermilch auf den Fleck oder die Schmutzablagerung und reiben Sie mit einem Schwamm kräftig darüber. Nach kurzer Zeit löst sich der Fleck.

4 Wischen Sie die betroffene Stelle mit einem feuchten Lappen nach.

Tipp: Von der Scheuermilch brauchen Sie keine großen Mengen. Mischen Sie sie daher immer frisch an.

EM-FENSTERREINIGER MIT SCHWARZEM TEE

1 Flasche | 30 Min. | Leicht

Zutaten

200 ml Wasser
50 ml EMa
8 g EM-Tee, schwarz

Utensilien:

Topf, einen Wasserkocher, einen Kochlöffel, ein Küchensieb und eine Sprühflasche

1 Spülen Sie die Sprühflasche vorab mit kochendem Wasser aus.

2 Kochen Sie nun das Wasser für den Reiniger auf und geben Sie den losen schwarzen EM-Tee hinein.

3 Lassen Sie den Tee mindestens zehn Minuten ziehen.

4 Gießen Sie den Tee durch ein Sieb ab.

5 Fügen Sie jetzt EMa hinzu und füllen Sie die Mischung in die Sprühflasche.

6 Schütteln Sie die Flasche vor Gebrauch kurz, um eine gute Durchmischung zu gewährleisten.

Tipp: Den Fensterreiniger einfach auf die Scheibe sprühen und mit einem Fenstertuch trockenwischen. Die Gerbstoffe im Tee lösen Fettrückstände und bilden gemeinsam mit den EM eine Schutzschicht auf dem Fensterglas.

Wohnumfeld und Garten

Auch für den Wohnbereich und den Garten haben wir ein paar interessante Rezepte für Sie zusammengetragen. Sie können EM zur Teich- und Gewässerpflege nutzen, nachhaltige Dünger herstellen oder ein angenehm duftendes Raumspray anmischen. Durch die einfache Handhabung werden Ihnen selbst die kreativsten Ideen kommen, wo EM zusätzlich angewendet werden können. Von uns bekommen Sie einen ersten Impuls. Viel Spaß beim Experimentieren.

EM MUD BALLS ZUR TEICHPFLEGE

2 Stück | 30 Min. zzgl. Trocknungszeit | Leicht

Zutaten

100 g Urgesteinsmehl
25 g EM-Keramikpulver
70 ml EM-1 oder EMa

Utensilien:

Schüssel, ein Tablett oder Backblech und ein Aufbewahrungsbehältnis

1 Geben Sie das Urgesteinsmehl und das EM-Keramikpulver in die Schüssel und vermischen Sie beides gut.

2 Fügen Sie dann EM-1 oder EMa hinzu und verkneten Sie die Masse mit den Händen. Ist die Masse zu flüssig, geben Sie mehr Keramikpulver dazu. Die Masse muss fest genug sein, um Kugeln daraus zu kneten.

3 Formen Sie nun aus der Masse Kugeln, die ca. 6 bis 7 cm groß sind.

4 Legen Sie die Kugeln auf das Tablett oder Backblech und stellen Sie es zum Trocknen an einen trockenen und dunklen Ort.

5 Der Trocknungsvorgang dauert circa zwei Wochen. Mit der Stäbchenprobe können Sie testen, ob die Kugeln im Inneren noch feucht sind. Sind sie trocken, können Sie sie in dem Behälter aufbewahren.

Tipp: Die Anwendung ist sehr einfach. Werfen Sie mehrere Mud Balls in den Teich, den Sie mit EM behandeln wollen. Achten Sie auf eine gute Verteilung. Sie sinken zu Boden und die EM können ihre volle Wirkung entfalten.

EINFACHER UND SCHNELLER MOTTENSCHUTZ

1 Stück 1 Min. Leicht

Zutaten

1 Stofftaschentuch
Einige Tropfen Bokashi Oil

1 Tropfen Sie etwas Bokashi Oil auf das Taschentuch und hängen Sie es in Ihren Kleiderschrank. Da Insekten den Geruch nicht mögen, werden Sie die Kleidung nun meiden.

Tipp: Verfliegt der Geruch, ist es Zeit für eine Auffrischung, um die Wirkung zu erhalten.

EM-RAUMSPRAY MIT BOKASHI OIL

100 ml | 5 Min. | Leicht

Zutaten

80 ml Wasser
20 ml EM-blond
10 Tropfen Bokashi Oil

Utensilien:

Schüssel, einen Kochlöffel und eine Sprühflasche mit einem Fassungsvermögen von circa 100 ml

1 Spülen Sie die Sprühflasche vorab mit kochendem Wasser aus.

2 Geben Sie Wasser und EM-blond in die Schüssel und vermischen Sie es gut.

3 Fügen Sie nun das Bokashi Oil hinzu und rühren Sie erneut um.

4 Füllen Sie das fertige Raumspray in die Sprühflasche.

Tipp: Verteilen Sie das Raumspray nach Belieben gern mehrfach täglich, um eine angenehme Wohnatmosphäre zu schaffen. Vor Gebrauch gut schütteln.

KOMPOST-TEE FÜR GARTEN- UND ZIMMERPFLANZEN

1 Flasche

15 Min. zzgl. Ziehzeit

Mittel

Zutaten

400 g Pferdemist
800 g Gartenkompost oder Küchen-Bokashi
1000 ml Wasser
200 ml EM-1 oder EMa

Utensilien:

einen großen Behälter (einen Eimer oder Ähnliches), einen Rührstab oder Stock, ein großes Sieb und mehrere Sprühflaschen

1 Geben Sie Pferdemist, Gartenkompost, Wasser und EM-1 bzw. EMa in den Eimer und vermischen Sie alles gut.

2 Lassen Sie die Mischung bei Zimmertemperatur durchziehen und rühren Sie sie täglich mindestens einmal um.

3 Nach circa 7 Tagen ist der Kompost-Tee fertig. Spülen Sie die Sprühflaschen vorab mit kochendem Wasser aus.

4 Gießen Sie den Kompost-Tee nun durch ein Sieb ab und füllen Sie ihn in die Sprühflaschen um.

5 Mit dem Kompost-Tee können Sie nun regelmäßig Ihre Garten- und Zimmerpflanzen besprühen.

6 Haltbarkeit: circa 1 Woche

Tipp: Kompost-Tee wirkt gegen Pflanzenkrankheiten wie Pilzbefall und Schimmel. Sie können ihn auch präventiv alle ein bis zwei Wochen anwenden.

EM-PASTE FÜR RINDENVERLETZUNGEN BEI BÄUMEN

1 Port. 10 Min. Leicht

Zutaten

50 ml EMa oder EM-1 (pur)
20 g EM-Keramikpulver

Utensilien:

Schüssel, einen Kochlöffel und einen Spatel

1 Geben Sie EMa bzw. EM-1 und EM-Keramikpulver in die Schüssel.

2 Verrühren Sie alles sorgfältig miteinander, sodass eine streichfähige Paste entsteht.

3 Sie sollte nicht zu dünnflüssig, aber auch nicht zu fest sein. Bei Bedarf geben Sie mehr Flüssigkeit oder Pulver hinzu, um bei der Mischung eine streichfähige Konsistenz zu erreichen.

4 Verwenden Sie die Paste direkt und bestreichen Sie Verletzungen der Baumrinde damit täglich, bis sich Regenerationsanzeichen zeigen.

Tipp: Mischen Sie die Paste immer frisch an und verbrauchen Sie sie innerhalb weniger Tage.

GARTENGERÄTE ENTROSTEN

1 Port. | 50 Min. zzgl. Einwirkzeit | Leicht

Zutaten

EMa pur (Menge variiert nach Größe des Gartengeräts)
ausreichend großer Behälter

1 Legen Sie das Gerät in den Behälter und geben Sie EMa unverdünnt dazu, bis das Gerät vollständig bedeckt ist.

2 Prüfen Sie nach ein paar Tagen den Fortschritt des Entrostens. Ist das Utensil rostfrei, können Sie es herausnehmen.

3 Spülen Sie es noch einmal mit klarem Wasser ab und trocknen Sie es sorgfältig.

Tipp: Bei großen Gerätschaften ist das Einlegen in ein EM-Bad nicht immer praktikabel. Alternativ können Sie die rostigen Stellen mehrfach täglich mit EMa bestreichen oder besprühen. Der Vorgang dauert dann allerdings länger.

DEKO AUS EM-SALZTEIG

40 Stück

60 Min. zzgl. Trockenzeit

Leicht

Zutaten

200 g Mehl
100 g EM-Keramikpulver
150 g EM-Ur-Meersalz
150 ml EMa
Wasserfarben nach Belieben
Klarlack, bei Bedarf

Utensilien:

Schüssel, einen Mörser, ein Nudelholz, Ausstechformen, ein Backblech oder Tablett und Wasserfarben

1 Geben Sie Mehl, EM-Keramikpulver und EM-Ur-Meersalz in eine Schüssel und vermischen Sie alles gut miteinander. Ist das Meersalz zu grobkörnig, sollten Sie es vorher in einem Mörser zerkleinern.

2 Fügen Sie als Nächstes EMa hinzu und kneten Sie die Masse mit den Händen zu einem glatten Teig. Der Teig sollte am Ende geschmeidig, aber nicht klebrig sein. Fügen Sie bei Bedarf noch etwas Mehl hinzu.

3 Nun ist Ihr Salzteig fertig zum Verarbeiten. Sie können ihn ausrollen und verschiedene Formen ausstechen oder alternativ mit den Händen kleine Figuren daraus formen.

4 Die Figuren oder Formen legen Sie auf das Tablett oder Backblech und stellen sie an einen warmen Ort zum Trocknen. Das dauert in der Regel ein paar Tage.

5 Wenn die Formen hart geworden sind, können Sie sie weiterverarbeiten und mit Filzstiften oder Wasserfarben bemalen.

6 Wollen Sie die Deko haltbar machen, bestreichen Sie die Formen zum Schluss mit Klarlack und lassen sie gut durchtrocknen.

Tipp: Das Basteln macht besonders mit Kindern Spaß. Die Deko eignet sich gut für besondere Anlässe, wie Weihnachten oder Ostern, sowie zum Verschenken.

Produktverzeichnis

Produkt	Erklärung
EM-1	ist die ursprünglich von Prof. Dr. Higa entdeckte Mischung an Effektiven Mikroorganismen, die Basis für alle weiteren EM-Produkte ist. In Deutschland ist sie nur als Bodenhilfsstoff zugelassen.
EMa	ist eine Lösung, die auf Basis von EM-1 und Zuckerrohrmelasse durch Fermentation entsteht. Durch den Fermentationsprozess können die enthaltenen Effektiven Mikroorganismen vermehrt werden. Sie hat eine braune Farbe und ist in Deutschland als Bodenhilfsstoff zugelassen.
EM-blond / EM-klar	ist mit EMa vergleichbar. Statt Zuckerrohrmelasse wurde bei der Fermentation von EM-1 jedoch Reis- oder Getreidemelasse verwendet. Daraus resultiert die helle Färbung des Endprodukts. Von Herstellern wird der vielseitige Einsatz hervorgehoben. Es ist besonders gut anwendbar im Haushalt, zur Raumsanierung, als Zutat für Kosmetikprodukte und Bäder sowie für die Haustierpflege.
EM-X-Gold-Fermentationsgetränk	EM-X Gold ist die qualitative Weiterentwicklung von EM-X, das Prof. Dr. Higa in den 90er Jahren auf den Markt brachte. Durch den Prozess der Kettenfermentation enthält es viele hochwertige Stoffwechselprodukte der EM, die eine hohe antioxidative Wirkung haben. Sie können vom menschlichen Organismus schnell aufgenommen und verwertet werden. In EM-X Gold sind keine lebenden Mikroorganismen enthalten, weshalb es als Lebensmittel zugelassen ist. Die Anwendung kann täglich erfolgen. Abhängig vom Ernährungs- und Lebensstil berichten Nutzer unterschiedliche positive Erfahrungen, beispielsweise ein besseres Körpergefühl, mehr Energie im Alltag und beim Sport oder eine bessere Konzentrationsfähigkeit.

EM-Meersalz Gold	Die Basis ist spezielles Meersalz aus dem Pazifischen Ozean bei Okinawa. Es wird mit EM und EM-X Gold vermischt und 45 Tage fermentiert. In weiteren Verarbeitungsschritten wird es zunächst bei niedrigen Temperaturen erhitzt und getrocknet und später bei 800 °C gebrannt. Zum Schluss wird es gemahlen und für den Endkunden verpackt. Es enthält für den Körper wichtige Mineralien und Spurenelemente aus dem Ozean und kann zum Würzen von Speisen oder zur Herstellung von Körper-Peelings verwendet werden.
EM-Lebensmittel	Dazu gehören beispielsweise EM-Kaffee, EM-Pfeffer, EM-Tee und EM-Ur-Meersalz. Das Produkt wird von zertifizierten EM-Landwirten angebaut. Die Landwirte arbeiten während der gesamten Vegetationsfolge mit EM-Bodenhilfsstoffen für einen nachhaltigen Umgang mit den natürlichen Ressourcen vor Ort, zum Schutz der Pflanzen und um eine hohe Qualität zu gewährleisten.
EM-X-Resonanzkeramik	Bei der Produktion von Resonanz-Keramik wird Ton mit EM-1 und EM-X Gold fermentiert und bei 1.200 °C gebrannt. Während dieses Vorgangs werden die wertvollen Informationen der EM in der Keramik gespeichert. Die positiven Schwingungen und Informationen der EM können beim späteren Gebrauch an die Umwelt weitergegeben werden. Je nach Art der Keramik ist der Einsatz vielfältig (Keramikpipes, Keramikpulver, Keramikplatten, Kagen).
EM-X-Keramikpipes	Keramikröhrchen gehören zur sogenannten Resonanz-Keramik. Bei der Produktion wird Ton mit EM und EM-X Gold behandelt und bei 1.200 °C gebrannt. Während des Vorgangs werden alle EM-Informationen der EM in der Keramik gespeichert. Es gibt zahlreiche Einsatzmöglichkeiten, z. B. zur Verbesserung der Wasserqualität, zur Geruchsreduzierung im Kühlschrank oder zur Reduzierung von Kalkablagerungen im Wasserkocher oder Geschirrspüler.

EM-X-Keramikpulver und -Granulat	Diese bestehen ebenfalls aus EM-X-Resonanz-Keramik. Für Pulver wird die fertige Keramik sehr fein gemahlen, Granulat ist grobkörniger. Beide Produkte sind für die Anwendung im Garten und bei Zimmerpflanzen gedacht. Sie führen zu besseren Lebensbedingungen für Mikroben in der Erde, dienen als Dünger und können zur Sanierung für Teiche genutzt werden. Das Keramikpulver wird zudem zur Herstellung von Kosmetik und Salben verwendet.
EM-X-Keramikplatten	Die EM-X-Keramikplatten bestehen aus Resonanz-Keramik. Sie wurden speziell für den Einsatz im Wohnbereich konzipiert. Es sind unterschiedliche Größen erhältlich. In der Wohnung sorgen sie für eine Neutralisierung von elektrischen Störfeldern, wodurch es zu Hause behaglicher und harmonischer wird. Kleine Keramikplatten eignen sich besonders gut zum Mitnehmen für unterwegs. Ob auf dem täglichen Weg zur Arbeit oder im Sommerurlaub – die Keramikplatten passen in jede Hand- oder Hosentasche und wirken harmonisierend auf ihr Umfeld.
Kagen-Kochkeramik	Kagen bestehen aus EM-Resonanz-Keramik. Die Kagen gibt es in unterschiedlichen Größen und Formen. Kleine Kagen sind für den Gebrauch in der Küche gedacht, können in Wasser und Getränke oder beim Kochen in den Topf gelegt werden. Sie haben die Form eines Dreiecks oder Kreuzes mit dicken Rundungen. Die Größen variieren von 4 x 4 x 3 cm bis 5 x 5 x 3 cm. Kagen tragen zur Verbesserung der Wasserqualität bei. Beim Kochen und Braten fördern sie einen intensiveren Geschmack der Zutaten und machen die gekochten Speisen länger haltbar.

EM-Pflegeprodukte	Dazu gehören beispielsweise EM-Pflegebalsam, EM-Gesichtscreme oder EM-Reinigungsmilch. Hochwertigen pflegenden Zutaten werden EM-Komponenten wie EM-Ur-Meersalz und EM-X-Keramikpulver beigefügt. Das führt zu einer Verbesserung des Hautmikrobioms und unterstützt eine schnellere Regeneration der Haut. Sie wird geschmeidiger und bleibt gleichzeitig widerstandsfähig gegenüber Umwelteinflüssen. Die positiven Informationen und Schwingungen der EM übertragen sich auf den Organismus und sorgen für eine innere und äußere Ausgeglichenheit.

Quellenverzeichnis und weiterführende Literatur

- acwaservice.de: Wasserhärte in Deutschland, Website, [online] https://acwaservice.de/unsere-ratgeber/wasserhaerte-in-deutschland/
- Adams, K. Steinert, A. (2016): Alternative Dünger von der Natur für die Natur. München: avBuch im Cadmos Verlag
- Adler Modemärkte GmbH: Reinigungsmittel selbst machen: Umweltfreundlich putzen mit Essig, Natron und Co., Website, [online] https://magazin.adlermode.com/reinigungsmittel-selber-machen-umweltfreundlich-putzen-mit-essig-natron-co
- Adolph et al. (2022): The metabolic nature of inflammatory bowel diseases. In: nature reviews gastroenterology & hepatology 19, Seite 753-767. Online verfügbar unter: https://www.nature.com/articles/s41575-022-00658-y
- AMM – Akademie für menschliche Medizin GmbH (2023): Mikroben mit großer Wirkung – Die erstaunlichen Vorteile effektiver Mikroorganismen für Ihre Gesundheit, Website, [online] https://spitzen-praevention.com/2023/06/30/effektive-mikroorganismen-mikroben-mit-grosser-wirkung/
- Anwenderbroschüre - EMIKO Online Shop. (o. D.). EMIKO Online Shop. https://www.emiko.de/shop/downloads
- Apotheken.de: Faktoren, die die Fruchtbarkeit beeinflussen, Website, [online] https://www.apotheken.de/krankheiten/hintergrundwissen/6270-faktoren-die-die-fruchtbarkeit-beeinflussen
- Axt-Gadermann et. al. (2021): Probiotische Teilbäder bei atopischer Dermatitis. In: Der Hautarzt 72 (6), S. 549-556. Online verfügbar unter: https://www.ncbi.nlm.nih.gov/pmc/articles/PMC8169505/
- Barmer.de: Fruchtbarkeit: was sind die besten Voraussetzungen, um schwanger zu werden? Website, [online] https://www.barmer.de/gesundheit-verstehen/familie/schwangerschaft/kinderwunsch/einfluesse-fruchtbarkeit-1059070
- Bergmann et al. (2020): First evaluation of a symbiotic food supplement in an allergen exposure chamber in birch pollen allergic patients. In: World Allergy Organization Journal 14 (1). Online verfügbar unter: https://www.worldallergyorganizationjournal.org/article/S1939-4551(20)30397-5/fulltext
- BgVV – Berufsverband für gesundheitlichen Verbraucherschutz und Vorsorge (2024): Effektive Mikroorganismen. Online verfügbar unter: https://bgvv.de/wp-content/uploads/ebook_bgvv-EM.pdf
- Braun et al. (2019): Energy needs in sports. Position of the working group sports nutrition of the German Nutrition Society (DGE). Ernahrungs Umschau 66(8): 146–153. Online verfügbar unter: https://www.dge.de/fileadmin/dok/gesunde-ernaehrung/gezielte-ernaehrung/sportler-innen/EU08_2019_M460-M467.pdf
- Buchrieser, V., Miorini, T. (2015): Grundlagen der Mikrobiologie und Infektionslehre. Österreichische Gesellschaft für Sterilgutversorgung (Hrsg.). Graz. Online verfügbar unter: https://oegsv.com/wp/wp-content/uploads/02-FK1-Grundlagen-der-Mikrob.-Buchrieser-2015.pdf

• Bundesinstitut für Risikobewertung (1999): Abschlussbericht der Arbeitsgruppe „Probiotische Mikroorganismenkulturen in Lebensmitteln“ am BgVV, Berlin. Online verfügbar unter: https://mobil.bfr.bund.de/cm/343/probiot.pdf
• Bundesministerium für Soziales, Gesundheit, Pflege und Konsumentenschutz Österreich: atopische Erkrankung, Website, [online] https://www.gesundheit.gv.at/lexikon/A/atopie1.html
• Bundesministerium für Soziales, Gesundheit, Pflege und Konsumentenschutz Österreich: Freie Radikale, Website, [online] https://www.gesundheit.gv.at/lexikon/F/freie-radikale-hk.html
• Bundesministerium für Umwelt, Naturschutz, nukleare Sicherheit und Verbraucherschutz (2022): Wasch- und Reinigungsmittel: Alltagshelfer und Risiken für Umwelt und Gesundheit, Website, [online] https://www.bmuv.de/jugend/wissen/details/wasch-und-reinigungsmittel-alltagshelfer-mit-risiken-fuer-umwelt-und-gesundheit-1
• Carlsohn et al. (2019): Minerals and vitamins in sports nutrition. Position of the working group sports nutrition of the German Nutrition Society (DGE). Ernährungs Umschau 66(12): 250–257. Online verfügbar unter: https://www.dge.de/fileadmin/dok/gesunde-ernaehrung/gezielte-ernaehrung/sportler-innen/EU12_2019_M712_M719.pdf
• Chen et al. (2023): Nutrient-sensing AgRP neurons relay control of liver autophagy during energy deprivation. In: Cell Metabolism 35 (5), Seite 786-806. Online verfügbar unter: https://www.cell.com/cell-metabolism/fulltext/S1550-4131(23)00124-9
• Dartsch, Prof. Peter/ EM e. V. (2009): Wissenschaftliche Studie über EMIKOSAN, Website, [online] https://emev.de/wissenschaftliche-studie-ueber-emikosan/
• Davidson et al. (2021): Probiotics für preventing gestational diabetes. In: Cochrane Database of Systematic Reviews 2021 April 19 (4). Online verfügbar unter: https://pubmed.ncbi.nlm.nih.gov/33870484/
• Digestio.de (2020): Wir fragen Prof. Dr. Michaela Axt-Gadermann: Wie wichtig ist der Darm für schöne Haut? Das komplette Interview finden Sie hier: https://www.digestio.de/de/specials/interviews/dr-michaela-axt-gadermann-schoene-haut-gesunder-darm
• DIMIKRO GmbH: Darmsanierung. Darmflora aufbauen mit EM, Website, [online] https://www.bio-bahnhof.de/Darmsanierung-mit-Effektiven-Mikroorganismen
• DIMIKRO GmbH: Hausstaubmilben nachhaltig bekämpfen, Website, [online] https://www.em-kaufhaus.de/Hausstaubmilben-bekaempfen-mit-Effektiven-Mikroorganismen-so-klappt-es-wirklich
• DIMIKRO GmbH: Effektive Mikroorganismen in der Kleintierhaltung – alle Anwendungen im Überblick, Website, [online] https://www.em-kaufhaus.de/Effektive-Mikroorganismen-in-der-Kleintierhaltung-alle-Anwendungen-im-Ueberblick
• EM-aktiviert.de: Raumklima mit EM verbessern, Website, [online] https://www.em-aktiviert.de/haus/raumklima-verbessern/
• EM-Chiemgau: Putzen mit Effektiven Mikroorganismen, Website, [online] https://em-chiemgau.de/reinigung/putzen-mit-effektiven-mikroorganismen/
• EM-Chiemgau: Die Gesundheit und das Wohlbefinden von Mensch und Tier sind mit der Qualität des Raumklimas eng verbunden, Website, [online] https://em-chiemgau.de/themenwelten/haushalt-reinigung/raumklima
• EM-Chiemgau: EM bei Heuschnupfen, Website, [online] https://em-chiemgau.de/wohlfuehlen/em-bei-heuschnupfen/

- EM-Chiemgau: Das Rosenheimer Projekt, Website, [online] https://chiemgau-agrar.de/konzept/rosenheimer-projekt/
- EM e. V. – Gesellschaft zur Förderung regenerativer Mikroorganismen (2024): Was ist EM?, Website, [online] https://emev.de/was-sind-effektive-mikroorganismen-em/
- EM e. V. – Gesellschaft zur Förderung regenerativer Mikroorganismen (2024): EMa, Website, [online] https://emev.de/ema/
- EM e. V. - Gesellschaft zur Förderung regenerativer Mikroorganismen (2007): Gedanken über die Wirkungsweise der EM-Technologie bei der täglichen Arbeit (EM-Zahnersatz), Website, [online] https://emev.de/gedanken-ueber-die-wirkungsweise-der-em-technologie-bei-der-taeglichen-arbeit-em-zahnersatz/
- EM e. V. - Gesellschaft zur Förderung regenerativer Mikroorganismen (2010): Umgesattelt – Erfahrungen beim Hausbau mit EM, Website, [online] https://emev.de/umgesattelt-erfahrungen-beim-hausbau-mit-em/
- EM e. V. - Gesellschaft zur Förderung regenerativer Mikroorganismen (2012): Erstaunliche Erfahrungen mit der EM-Keramik, Website, [online] https://emev.de/erstaunliche-erfahrungen-mit-der-em-keramik/
- EM e. V. - Gesellschaft zur Förderung regenerativer Mikroorganismen (2016): Dreijahresstudie auf Golfplatz in Stockholm, Website, [online] https://emev.de/dreijahresstudie-auf-golfplatz-in-stockholm/
- EM e. V. - Gesellschaft zur Förderung regenerativer Mikroorganismen (2010): EM im Ausdauersport – ein Sportler berichtet, Website, [online] https://emev.de/em-im-ausdauersport-ein-sportler-berichtet/
- EMIKO Handelsgesellschaft mbH (2022): Kinder für EM begeistern, Website, [online] https://www.emiko.de/news/kinder-fuer-em-begeistern/
- EMIKO Handelsgesellschaft mbH (2024): Professor Teruo Higa, Entdecker der effektiven Mikroorganismen, Website, [online] https://www.emiko.de/news/professor-teruo-higa-entdecker-der-effektiven-mikroorganismen
- EMIKO Handelsgesellschaft mbH (2024): EM-X Gold – eine neue Art Fermentationsgetränk, Website, [online] https://www.emiko.de/news/em-x-gold-fermentationsgetraenk/
- EMIKO Handelsgesellschaft mbH (2024): EM zum kochen und backen, Website, [online] https://www.emiko.de/news/em-zum-kochen-backen
- EMIKO Handelsgesellschaft mbH (2024): Caffé Casolo Klassik, Website, [online] https://www.emiko.de/shop/mensch/em-lebensmittel/caffe-casolo-klassik.html
- EMIKO Handelsgesellschaft mbH (2024): EM-Meersalz Gold, 100g, Website, [online] https://www.emiko.de/shop/mensch/nahrungsergaenzung/em-meersalz-gold-100-g.html
- EMIKO Handelsgesellschaft mbH (2022): DIY Gesichtsmasken und Peelings mit EM, Website, [online] https://www.emiko.de/news/diy-gesichtsmasken-peelings-mit-em/
- EMIKO Handelsgesellschaft mbH (2022): Gerüche entfernen mit EM, Website, [online] https://www.emiko.de/news/gerueche-entfernen-mit-em/
- EMIKO Handelsgesellschaft mbH (2022): EM-Mist auf Grünland – eine Fallstudie, Webseite, [online] https://www.emiko.de/news/em-mist-auf-gruenland-eine-fallstudie/
- EMIKO Handelsgesellschaft mbH (2020): Welche EM-Produkte eignen sich für Kinder?, Website, [online] https://www.emiko.de/news/kinder-und-em-effektive-mikroorganismen/

• EMIKO Handelsgesellschaft mbH (2022): Schimmel mit EM bekämpfen, Website, [online] https://www.emiko.de/news/schimmel-mit-em-bekaempfen/
• Enders, Giulia (2015): Darm mit Charme, Berlin: Ullstein Buchverlage GmbH
• Eugster et. al. (2023): Das Potenzial fermentierter Lebensmittel für eine gesunde und nachhaltige Ernährung. In: Agrarforschung Schweiz 14, S. 159-166. Online verfügbar unter: https://arbor.bfh.ch/19666/1/159-166_Eugster_Lebensmittel_Fermentiert_DE_def.pdf
• Fairment.de: Kefirpilz – Woraus besteht er?, Website, [online] https://www.fairment.de/wissen/kefirpilz/
• Federspiel, K; Herbst, V. (2005): Die Andere Medizin. „Alternative" Heilmethoden für Sie bewertet, Berlin: Stiftung Warentest (Hrsg.)
• Finke et. al. (2022): Haut-Mikrobiom und Kosmetik – eine Bestandsaufnahme. DGK – Deutsche Gesellschaft für wissenschaftliche und angewandte Kosmetik e. V. (Hrsg.). Thannhausen/ Burg. Online verfügbar unter: https://dgk-ev.de/wp-content/uploads/2022/06/Microbiom.pdf
• Garcia-Larsen et al. (2018): Diet during pregnancy and infancy and risk of allergy or autoimmune disease: A systematic review and meta-analysis. In: Plos Medicine 2018. Online verfügbar unter: https://journals.plos.org/plosmedicine/article?id=10.1371/journal.pmed.1002507
• Hausgarten.net (2022): Kräuterlimonade selber machen, Website, [online] https://www.hausgarten.net/kraeuterlimonade-selber-machen-rezept/
• Helmholtz Zentrum für Infektionsforschung (2024): Das Mikrobiom – Nur gemeinsam sind wir stark, Website, [online] https://www.helmholtz-hzi.de/de/wissen/wissensportal/unser-immunsystem/das-mikrobiom/
• Hoffmann, Jörg C. et. al. (2004): Chronisch entzündliche Darmerkrankungen, Stuttgart: Georg Thieme Verlag KG
• Huf und Pfote – Tierheilpraxis Claudia Schien: Welches EM-Produkt denn nun?, Website, [online] https://www.hufundpfote.net/aktuelles/welches-em-produkt-und-wie-dosiere-ich/
• IFBG – Institut für Betriebliche Gesundheitsberatung (2022): Wie das Raumklima Ihre Gesundheit beeinflusst, Website, [online] https://www.ifbg.eu/wie-das-raumklima-ihre-gesundheit-beeinflusst/
• IKK classic: Putzmittel selber machen: 5 Rezepte für DIY-Reiniger ohne Chemie, Website, [online] https://www.ikk-classic.de/gesund-machen/leben/putzmittel-selber-machen
• IKK classic: Die besten Kosmetik-Rezepte für Anfänger, Website, [online] https://www.ikk-classic.de/gesund-machen/trends/kosmetik-selber-machen
• i.m.a. – information.medien.agrar e. V. (2024): Mikroorganismen, Website, [online] https://www.ima-agrar.de/wissen/agrilexikon/mikroorganismen
• Institut für Qualität und Wirtschaftlichkeit im Gesundheitswesen (IQWiG) (2023): Welche Organe gehören zum Immunsystem? Website, [online] https://www.gesundheitsinformation.de/welche-organe-gehoeren-zum-immunsystem.html
• Jungbauer, Nina (2010): Auswirkungen von „Effektiven Mikroorganismen" (EM) in gartenbaulich genutzten Böden, München: GRIN Publishing GmbH
• KIT – Karlsruher Institut für Technologie (2019): Johannes Gescher: Putzen mit Bakterien, Website, [online] https://www.sts.kit.edu/kit_express_4428.php

- Klassert et al. (2022): Comparative analysis of surface sanitization protocols on the bacterial community structures in the hospital environment. In: Clinical Microbiology and Infection 28 (8), Seite 1105-1112. Online verfügbar unter: https://www.clinical-microbiologyandinfection.com/article/S1198-743X(22)00109-4/fulltext
- König et al. (2019): Carbohydrates in sports nutrition. Position of the working group sports nutrition of the German Nutrition Society (DGE). Ernahrungs Umschau 66(11): 228–235. Online verfügbar unter: https://www.dge.de/fileadmin/dok/gesunde-ernaehrung/gezielte-ernaehrung/sportler-innen/EU11_2019_M660_M667.pdf
- König et al. (2020): Proteins in sports nutrition. Position of the working group sports nutrition of the German Nutrition Society (DGE). Ernahrungs Umschau 2020; 67(7): 132–9. Online verfügbar unter: https://www.dge.de/fileadmin/dok/gesunde-ernaehrung/gezielte-ernaehrung/sportler-innen/EU07_2020_M406_M413_1.pdf
- Kracht, M. (2014): Normaler Stuhlgang – Untersuchung an einer bevölkerungsnahen Stichprobe im Primärversorgungssektor. Dissertation. Medizinische Fakultät der Universität Ulm. Online verfügbar unter: https://d-nb.info/110425686X/34
- Kräuterrabe.de (2016): Spülmaschinen-Tabs, Website, [online] http://www.xn--kruter-rabe-r5a.de/2016/06/spulmaschinen-tabs.html?m=1
- LANAPRINZIP Publishing e.U. (2023): Sauerkraut selber machen – Gemüse fermentieren in eigener Lake, Website, [online] https://rezepte.lanaprinzip.com/sauerkraut/
- Lecker.de: Smoothie-Rezepte – Ideen und Tipps zum Selbermachen, Website, [online] https://www.lecker.de/smoothie-rezepte-einfach-und-gesund-51471.html
- Lemaire O., Wagner T. (2021): Gas channel rerouting in a primordial enzyme: Structural insights of the carbon-monoxide dehydrogenase/ acetyl-CoA synthase complex from the acetogen Clostridium autoethanogenum. In: Biochimica et Biophysica Acta – Bioenergetics 1862 (1). Online verfügbar unter: https://www.sciencedirect.com/science/article/pii/S0005272820301808?via%3Dihub
- LIFEVERDE.de (2021): Pflanzen von innen heraus stärken mit effektiven Mikroorganismen. Hier kommen Sie zum kompletten Interview: https://www.lifeverde.de/nachhaltigkeitsmagazin/gruene-wirtschaft/pflanzen-von-innen-heraus-staerken-mit-effektiven-mikroorganismen
- Lieblingsglas GmbH (2022): Rezept – Overnight Oats im Glas mit Fermentierten Äpfeln, Website, [online] https://www.lieblingsglas.de/blogs/blog/overnight-oats-im-glas-mit-fermentierten-aepfeln/
- Li et al. (2023): Topical Application of Lactobacilli successfully eradicates Pseudomonas aeruginosa biofilms and promotes wound healing in chronic wounds. In: Microbes and Infection 25 (8). Online verfügbar unter: https://www.sciencedirect.com/science/article/pii/S1286457923000795
- Lotz, Sabine (2017): Qualitätsvergleich EMa zu EM-Fertigprodukten, Website, [online] https://www.kreislaeufe.com/blog/in-eigener-sache-qualit%C3%A4tsvergleich-ema-zu-em-fertigprodukten
- Luqman et al. (2020): Traces amines produced by skin bacteria accelerate wound healing in mice. In: Communications biology 3 (277). Online verfügbar unter: https://www.nature.com/articles/s42003-020-1000-7
- Lützner et al. (2015): Die mikrobielle Darmflora und unser Immunsystem. In: E&M – Ernährung und Medizin, 2015/30, Seite 151-155. Online verfügbar unter: https://www.thieme-connect.com/products/ejournals/pdf/10.1055/s-0035-1558534.pdf

• Mailk, A. (2023): Wirksamkeit von EMas. Ergebnisse der Versuche auf Gipskartonplatten, Tapete und Putz. Online verfügbar unter: https://emev.de/wp-content/uploads/2023/12/hochschule_tier_em-versuch.pdf
• Mayer et al. (2007): Wirkungen von „Effektiven Mikroorganismen EM" auf pflanzliche und bodenmikrobiologische Parameter im Feldversuch, 9. Wissenschaftstagung Ökologischer Landbau. Online verfügbar unter: https://emev.de/wp-content/uploads/2023/03/Wirkungen_von_Effektiven_Mikroorganismen.pdf
• Mayr et al. (2020): Dietary lipids fuel GPX4-restricted enteritis resembling Crohn's disease. In: Nature Communications 11 (1775). Online verfügbar unter: https://www.nature.com/articles/s41467-020-15646-6
• McKean et al. (2017): Probiotics and Subclinical Psychological Symptoms in Healthy Participants: A Systematic Review and Meta-Analysis. In: The Journal of Alternative and Complementary Medicine, 23 (4), Seite 249-258. Online verfügbar unter: https://pubmed.ncbi.nlm.nih.gov/27841940/
• Metze et al. (2023): Microbial growth under drought is confined to distinct taxa and modified by potential future climate conditions. In: Nature Communications 14 (5895). Online verfügbar unter: https://www.nature.com/articles/s41467-023-41524-y
• Mosler et al. (2019): Fluid replacement in sports. Position of the working group sports nutrition of the German Nutrition Society (DGE). Ernahrungs Umschau 66(3): 52–59. Online verfügbar unter: https://www.dge.de/fileadmin/dok/gesunde-ernaehrung/gezielte-ernaehrung/sportler-innen/EU03_2019_M152-M159.pdf
• Murphy K, Weaver C. (2018): Das mucosale Immunsystem. In: Janeway Immunologie. April 23, Seite 641-91. Online verfügbar unter: https://www.ncbi.nlm.nih.gov/pmc/articles/PMC7844862/
• Navarro-Lopez et al. (2018): Effect of Oral Administration of a Mixture of Probiotic Strains on SCORAD Index and Use of Topical Steroids in Young Patients with Moderate Atopic Dermatitis. A Randomized Clinical Trial. In: JAMA Dermatol 154 (1), Seite 37-43. Online verfügbar unter: https://jamanetwork.com/journals/jamadermatology/fullarticle/2661596
• Nienaber et. al. (2021): Einfluss der Luftfeuchte auf den Menschen und seine Gesundheit. White Paper. In: RWTH-EBC 2021-001, Aachen. Online verfügbar unter: https://publications.rwth-aachen.de/record/811532/files/811532.pdf
• Niers et. al. (2009): The effects of selected probiotic strains on the development of eczema (the PandA study). In: Allergy. 64(9), S. 1349-58. Online verfügbar unter: https://pubmed.ncbi.nlm.nih.gov/19392993/
• Nimmerfall, Christine: Tipps für den richtigen Umgang mit Effektiven Mikroorganismen. Online verfügbar unter: https://anstiftung.de/jdownloads/Webinare/tipps_im_umgang_mit_em.pdf
• Norddeutscher Rundfunk – NDR (2023): Heilfasten nach Buchinger: Ablauf und Wirkung, Website, [online] https://www.ndr.de/ratgeber/gesundheit/Heilfasten-nach-Buchinger-Ablauf-und-Wirkung,heilfasten102.html
• Ökotest-Verlag (2022): Putzmittel selber machen- aus Hausmitteln wie Essig, Zitronensäure, Soda und Natron, [online] https://www.oekotest.de/bauen-wohnen/Putzmittel-selber-machen--aus-Hausmitteln-wie-Essig-Zitronensaeure-Soda-Natron_11294_1.html
• Penaten (2019): Das Hautmikrobiom und seine Entwicklung. Online verfügbar unter: https://www.penaten.de/sites/penaten.de/files/media/downloads/penaten_hautmikrobiom_2019.pdf

- Pippir, Alexander (2016): Dangos/ Mud Balls selbst herstellen, Website, [online] https://www.bodenstaendig.org/dangos-mudballs-selbst-herstellen/
- Pippir, Alexander (2019): EM in der Schwangerschaft, Website, [online] https://www.bodenstaendig.org/em-in-der-schwangerschaft/
- Primavera Life GmbH (2021): Putzen mit ätherischen Ölen, Website, [online] https://www.primaveralife.com/news/putzen-mit-aetherischen-oelen
- Rackl, Claudia (2006): Praktische Erfahrungen mit effektiven Mikroorganismen (EM) in Pflanzenbau und Tierhaltung, Diplomarbeit, Fachhochschule Weihenstephan, Fachbereich Land- und Ernährungswirtschaft. Online verfügbar unter: https://em-chiemgau.de/wp-content/uploads/2021/11/Praktische-Erfahrungen-mit-EM-in-lw-Praxis_Diplomarbeit.pdf
- Rascher, Birgit; Bayrische Landesanstalt für Weinbau und Gartenbau (Hrsg.): Effektive Mikroorganismen, Versuchsergebnisse aus Bamberg. Website, [online] https://www.lwg.bayern.de/mam/cms06/gartenakademie/dateien/em_rascher.pdf
- Robert-Koch-Institut (RKI): Allergien und atopische Erkrankungen, Website, [online] https://www.rki.de/DE/Content/Gesundheitsmonitoring/Themen/Chronische_Erkrankungen/Allergien/Allergien_node.html
- Rößler, Annette (2023): Mikrobiom. Entscheidend ist die Vielfalt. Pharmazeutische Zeitung Online (Hrsg.). Eschborn. Online verfügbar unter: https://www.pharmazeutische-zeitung.de/entscheidend-ist-die-vielfalt-139439/
- Ruth Krebber: Meine Erfahrungen mit den Effektiven Mikroorganismen, Website, [online] https://www.em-neidlingen.de/erfahrungen.html
- Safwat et al. (2021): Enviromental applications of Effective Microorganisms: a review of current knowledge and recommendations for future directions. In: Journal of Engineering and Applied Science 68 (48/ 2021). Online verfügbar unter: https://jeas.springeropen.com/articles/10.1186/s44147-021-00049-1
- SALVE – dein Gesundheitsgruß, Magazin (2015): Interview mit Dr. med. Anne Katharina Zschocke. Seite 28-29. Online verfügbar unter: https://salve-gesund.de/PDF/2015/SALVE_11_web.pdf
- SAVION – Feine Seifen OHG: EMa-Körperseife: Seifen gegen juckende Haut, Website, [online] https://www.savion.de/blog/em-a-koerperseife-seifen-gegen-juckende-haut
- Schaub et al. (2022): Clinical, gut microbial and neural effects of a probiotic add-on therapy in depressed patients: a randomized controlled trial. In: Translational Psychiatry 12 (227). Online verfügbar unter: https://www.nature.com/articles/s41398-022-01977-z
- Schek et al. (2019): Fats in sports nutrition. Position of the working group sports nutrition of the German Nutrition Society (DGE). Ernahrungs Umschau 66(9): 181–188. Online verfügbar unter: https://www.dge.de/fileadmin/dok/gesunde-ernaehrung/gezielte-ernaehrung/sportler-innen/EU09_2019_M538-M545.pdf
- Schnitzer et al. (2018): Allergie und Mikrobiotika. Stellenwert mikrobieller Einflüsse bei der Genese allergischer und chronisch entzündlicher Krankheitsbilder sowie therapeutische Einflussnahme mit Mikrobiologischer Therapie. In: Erfahrungsheilkunde, 67 (01), Seite 6-12. Online verfügbar unter: https://www.thieme-connect.com/products/ejournals/pdf/10.1055/s-0043-124285.pdf
- Seebacher et al. (2012): Nachhaltiges Verhalten wirkt ansteckend. Umweltfreundliche Verhaltensweisen und nachhaltiger Konsum am Arbeitsplatz. In: Ökologisches Wirtschaften 2012 (2), Seite 34-38. Online verfügbar unter: https://www.oekologisches-wirtschaften.de/index.php/oew/article/view/1206

• Shintani et al. (2015): Anti-Inflammatory and Immunostimulatory Effects of Extract from Culture of Effective Microorganisms (ECEM) Revealed by Functional Genomics and Metabolome Analyses. In: Food and Nutrition Sciences 2015 (6), S. 1115-1125. Online verfügbar unter: https://www.researchgate.net/publication/282410156_Anti-Inflammatory_and_Immunostimulatory_Effects_of_Extract_from_Culture_of_Effective_Microorganisms_ECEM_Revealed_by_Functional_Genomics_and_Metabolome_Analyses
• Sieber et. al. (1997): Laktoseintoleranz und Verzehr von Milch und Milchprodukten. In: Zeitschrift für Ernährungswissenschaft, 36(4), S. 375-393. Online verfügbar unter: https://link.springer.com/article/10.1007/BF01617834
• Smarticular Verlag (2014): 89 Mittel für Körperpflege und Naturkosmetik einfach selber machen, Website, [online] https://www.smarticular.net/mittel-zur-koerperpflege-die-du-leicht-selbst-herstellen-kannst/
• SONNENTOR Kräuterhandelgesellchaft mbH: Duftender Zitrusreiniger, Website, [online] https://www.sonnentor.com/de-at/rezepte-tipps/rezepte/duftender-zitrusreiniger
• Speidel, Sarah (2023): Der Effekt oraler Probiotikaeinnahme zur Vermeidung bakterieller Vaginosen bei Schwangeren. EFFPRO – eine randomisierte, kontrollierte Studie, Dissertation, Medizinische Fakultät der Eberhard Karls Universität Tübingen. Online verfügbar unter: https://publikationen.uni-tuebingen.de/xmlui/handle/10900/140985
• Spöck, Armin, Klade, Manfred (2009): Ökologische, gesundheitliche und rechtliche Aspekte von Reinigungsmitteln mit Mikroorganismen als Wirkprinzip (mikrobiologische Reiniger). Ifz - Interuniversitäres Forschungszentrum für Technik, Arbeit und Kultur (Hrsg.). Graz. Online verfügbar unter: https://www.bmk.gv.at/themen/klima_umwelt/chemiepolitik/umweltschadstoffe/publikationen/mikrorein.html
• Statistisches Bundesamt (2015): Zeitverwendungserhebung 2012/ 2013, Wiesbaden. Online verfügbar unter: https://www.destatis.de/DE/Themen/Gesellschaft-Umwelt/Einkommen-Konsum-Lebensbedingungen/Zeitverwendung/Publikationen/Downloads-Zeitverwendung/zeitverwendung-5639102139004.pdf?__blob=publicationFile
• STATISTA GmbH (2017): Welche Art von Magen- und Darmbeschwerden haben Sie? Website, [online] https://de.statista.com/statistik/daten/studie/668217/umfrage/umfrage-zur-art-von-magen-und-darmbeschwerden-in-deutschland-nach-geschlecht/
• Stiegelbaur, Dr. Verena (2022): Das Darmmikrobiom eines Babys. Institut AllergoSan (Hrsg.). Graz. Online verfügbar unter: https://www.allergosan.com/de/blog/babys-bakterielle-gesundheitsbasis/
• Stiftung ECARF (2020): Das menschliche Mikrobiom, Website, [online] https://www.ecarf.org/info-portal/allgemeine-allergie-infos/das-menschliche-mikrobiom/
• Stiftung Gesundheitswissen (2022): Die Haut – ein vielseitig begabtes Organ, Website, [online] https://stiftung-gesundheitswissen.de/gesundes-leben/koerper-wissen/die-haut-ein-vielseitig-begabtes-organ
• Symnaczik et al. (2022): Faktenblatt 2022 Nr. 1417 Mikrobielle Biostimulanzien. Frick: Forschungsinstitut für biologische Landwirtschaft (FiBL) (Hrsg.). Online verfügbar unter: https://www.fibl.org/fileadmin/documents/shop/1417-mikrobielle-biostimulanzien.pdf
• Thiergart et al. (2020): Root microbiota assembly and adaptive differentiation among European Arabidopsis populations. In: nature ecology & evolution 4, Seite 122-131. Online verfügbar unter: https://www.nature.com/articles/s41559-019-1063-3
• The Japan Times (2023): Realizing the power of bokashi and microorganisms in farming, Website, [online] https://www.japantimes.co.jp/news/2023/05/23/national/teruo-higa-bokashi-interview/

- Thomas, Katrin (2017): Fermentieren. Superfood für den Darm, Wien: Kneipp Verlag
- Verbraucherfenster Hessen (2020): Trockene Luft. Gesundes Raumklima durch Luftbefeuchter? Website, [online] https://verbraucherfenster.hessen.de/freizeit-haushalt/wohnen-garten/gesundes-raumklima-durch-luftbefeuchter
- Umweltbundesamt (2023): Emissionen des Verkehrs, Website, [online] https://www.umweltbundesamt.de/daten/verkehr/emissionen-des-verkehrs#verkehrbelastet-luft-und-klima-minderungsziele-der-bundesregierung
- Umweltbundesamt (2023): Umweltbewusstsein und Umweltverhalten, Website, [online] https://www.umweltbundesamt.de/daten/private-haushalte-konsum/umweltbewusstsein-umweltverhalten#stellenwert-des-umwelt-und-klimaschutzes
- Utopia.de (2023): Salzteig-Rezept: In wenigen Schritten herstellen und backen, Website, [online] https://utopia.de/ratgeber/salzteig-rezept-in-wenigen-schritten-herstellen-und-backen_65315/
- Verbraucherzentrale NRW e. V. (2023): Kombucha, Website, [online] https://www.verbraucherzentrale.de/wissen/lebensmittel/kennzeichnung-und-inhaltsstoffe/kombucha-13938
- Verbraucherzentrale NRW e. V. (2023): Nahrungsergänzungsmittel mit Mikroorganismen. Einfach ein paar spezielle Bakterien nehmen und die Verdauungsprobleme sind wie weg?, Website, [online] https://www.verbraucherzentrale.de/wissen/lebensmittel/nahrungsergaenzungsmittel/nahrungsergaenzungsmittel-mit-mikroorganismen-58854
- Verbraucherzentrale NRW e. V. (2023): Schimmel in der Wohnung: Das können Sie tun, Website, [online] https://www.verbraucherzentrale.de/wissen/umwelt-haushalt/wohnen/schimmel-in-der-wohnung-das-koennen-sie-tun-6794
- Walther et. al. (2019): Konsum von Milchprodukten trotz Laktoseintoleranz und Galaktosämie. In: Schweizer Zeitschrift für Ernährung (4). Online verfügbar unter: https://www.rosenfluh.ch/media/ernaehrungsmedizin/2019/04/Konsum-von-Milchprodukten-trotz-Laktoseintoleranz-und-Galaktosaemie.pdf
- Zschocke, Dr. Anne Katharina (2017): Die erstaunlichen Kräfte der Effektiven Mikroorganismen EM. Gesundheit. Haushalt. Garten. Wasser, München: Verlagsgruppe Droemer Knaur GmbH & Co. KG
- Zutter, Melina (2016): Statt Doping – Leistungssteigerung mit EM. In: EM Journal 57, Seite 30-33. Online verfügbar unter: https://www.em-verein.ch/images/journalbeitraege/articles/57-30.pdf
- Zwermann, Karin (2015): EM. Effektive Mikroorganismen im Garten, München: BLV Buchverlag GmbH & Co. KG